低功耗物联网系统数据传输技术研究

DIGONGHAO WULIANWANG XITONG
SHUJU CHUANSHU JISHU YANJIU

朱飏凯 著

西安交通大学出版社
XI'AN JIAOTONG UNIVERSITY PRESS

图书在版编目（CIP）数据

低功耗物联网系统数据传输技术研究 / 朱飚凯著 . —西
安：西安交通大学出版社，2023.8
ISBN 978 - 7 - 5693 - 3205 - 6

Ⅰ．①低… Ⅱ．①朱… Ⅲ．①物联网－数据传输－研究
Ⅳ．①TP393.4②TP18

中国国家版本馆 CIP 数据核字（2023）第 067496 号

书　　名	低功耗物联网系统数据传输技术研究
著　　者	朱飚凯
责任编辑	郭鹏飞
责任校对	王　娜
封面设计	任加盟
出版发行	西安交通大学出版社
	（西安市兴庆南路 1 号　邮政编码 710048）
网　　址	http：//www. xjtupress. com
电　　话	（029）82668357 82667874（市场营销中心）
	（029）82668315（总编办）
传　　真	（029）82668280
印　　刷	西安金鼎包装设计制作印务有限公司
开　　本	787 mm×1092 mm　1/16　印张 8.5　字数 231 千字
版次印次	2023 年 8 月第 1 版　2024 年 8 月第 1 次印刷
书　　号	ISBN 978 - 7 - 5693 - 3205 - 6
定　　价	78.00 元

如发现印装质量问题，请与本社市场营销中心联系。
订购热线：（029）82665248　　（029）82667874
投稿热线：（029）82669097
读者信箱：21645470@qq.com

前　言

随着工业 4.0 时代的到来，物联网技术日趋成熟，逐步形成了"世界万物"与网络相连的局面。在实际应用中，物联网中的各个节点都需将感知数据实时传输出去，而节点形状大小和能量供应都影响着节点的工作性能，且其数据交换的速度和正确率时刻影响着整个系统的传输性能。因此，如何进一步提高物联网中低功耗物联网无线传输系统的数据交换效率尤为重要。

大数据时代之下，物联网技术的发展优势在各行各业中得以凸现，例如信息感知、低功耗传输、数据收集和智能化决策等。一方面，物联网技术为"人—机—物—网"的有效链接提供了多样化扩展，数据来源更为复杂；另一方面，随着研究对象的不断扩展，各种行业数据对物联网系统中的智能感知、融合处理、高效传输、科学利用、有效决策等方面提出了巨大挑战。

为了适应物联网技术的快速发展，满足相关人才培养的迫切需要，作者团队在多个具体实践的基础上，对低功耗物联网数据传输和处理方法展开了大量研究，积累了相关研究经验和研究成果，包括文章、专利和其他成果等，作者希望把相关研究工作整理出来。本书的写作思路主要为从背景中寻找问题，从问题中引出研究点，从研究点中给出建模分析，再到方法技术设计，最后给出实验验证，便于读者理解背景，了解技术研究轨迹和方法研究过程，这样有利于读者展开后续的研究工作。

本书选取物联网数据传输领域中具有代表性的研究内容为切入点，以无线传感器节点、无线网状节点、反向散射节点等为研究对象，围绕物联网数据传输的数据收集、下行数据反馈、数据多跳传输、多通道传递和数据处理展开研究，详细介绍了相关的技术实现、技术运用和综合实施。本书以提高物联网系统的数据无线传输效率为主要研究内容，各章内容安排如下。

第 1 章对低功耗物联网无线传输的系统结构、研究现状和应用领域进行了概述。

第 2 章对低功耗物联网无线传输系统的传输节点进行了介绍。

第 3 章提出了一种基于并行解码的无源节点上行数据收集方法，优化了节点调制方式，接收器将节点信息映射到星座域中，根据节点状态结合簇的序列特征对节点并行解码。

第 4 章提出了一种基于链路特征感知的数据反馈协议，将无源节点的充电效率和链路质量作为评价指标，能够有效减少节点充电冗余，提高节点数据分发反馈效率。

第 5 章提出了一种冲突容忍的并发传输有源节点多跳聚合数据传输协议，通过调节竞争节点的并发传输概率，有效地减少节点传输数据包的延迟，进而提高系统的信道利用率。

第 6 章设计了一种适用于有源 Mesh 节点的视频帧映射机制，自适应视频帧映射机制能够很好地保证重要视频帧优先传递，提高节点视频传输的服务质量和画面感受。

第 7 章设计了一种基于高阶累积量的行为数据处理系统，该系统能够兼容现有商用接收器，具有广阔的使用价值和实际意义。

第 8 组总结了全书研究内容，并对未来可扩展研究方向及相关挑战进行了介绍。

感谢在本书撰写和出版过程中给予帮助的所有人，本书得到了智能警务四川省重点实室项目（ZNJW2022KFZD004）、山西省应用基础研究计划（No.202303021211339）、教育部网络安全与执法专业虚拟教研室（No.WAXVKF－2202）、山西警察学院创新团队的资助。鉴于作者研究能力、写作水平和表达能力有限，虽然尽量追求准确，但依然存在一些不足之处，希望各位读者不吝赐教，敬请读者和同行批评指正。

作　者
2022 年 7 月

目　录

》第1章

绪　论

1.1 低功耗物联网无线传输系统概述

物联网的概念最早出现于比尔·盖茨在 1995 年撰写的图书《未来之路》中，该书较为详细地阐述了物联网的本质。随着云端计算、大数据技术、人工智能技术的不断发展，物联网技术在经历了多次变革后，已然成为物理世界与数字网络之间最有效的连接途径。进入工业 4.0 时代，中国的"互联网＋"战略得到了有效实施。社会生产生活中都会产生大量数据，利用低功耗物联网无线节点对数据进行感知并有效传递，可实现感知数据与网络的密切连接，形成"万物相联"的局面。物联网技术已被广泛运用于生产生活的各个领域中，如智慧城市、智慧健康、智慧公交、工业生产监控、智能家居、物品管理等。我国物联网规模的布局已超过了万亿元级。现有的数据交换机制已经难以满足物联网的大规模应用场景，这对低功耗物联网无线传输中的数据交换技术提出了更高要求。

图 1-1 表示物联网体系架构模型。物联网体系架构分为四层：第一层为感知层，提供了真实世界的物理感知渠道，是信息采集的关键部分；第二层为网络层，提供了感知数据的网络传输和数据交换媒介，是海量信息传递的通道；第三层为管理服务层，实现了在性能计算和信息存储技术下收集到的数据高效组织，可为应用层提供有力的数据支撑，为应用到具体领域提供科学有效的指导；第四层为应用层，是物联网在实际生活中的具体应用，有着巨大的商业潜力和广泛的应用场景。由此可知，负责网络传输和数据交换技术的网络层的重要性就不言而喻了。物联网中低功耗物联网无线传输技术大体上分为两种通信技术，分别是低功耗广域网通信技术和低功耗短距离无线通信技术。其中，低功耗广域网通信技术又分为两类：一类是需要授权频段支持，即由 3GPP（3rd Generation Partnership Project，第三代合作伙伴计划）联盟提出的 NB-IoT（Narrow Band Internet of Things，窄带物联网）技术，国内不同的运营商将该技术部署在不同的频段上；另一类是使用免授权频段支持，即由 IBM/Cisco/Semtech 等公司共同提出的 LoRa（Long Range Radio，远距离无线电）技术和由 Sigfox 公司提出的 Sigfox 技术，不同的国家地区的免授权频段不同。

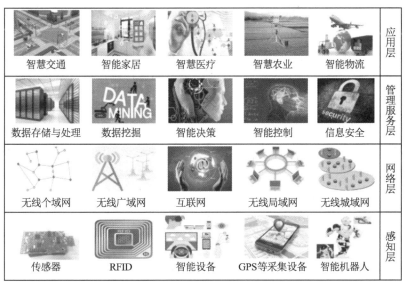

图 1-1 物联网体系架构模型

在大规模低功耗物联网无线传输系统中，数据交换的效率时刻影响着系统的吞吐率。传统的低功耗物联网无线传输系统数据交换机制难以满足大规模且长期的感知数据传输要求，对于节点的可扩展性和自适应性也无法得到充分满足。因此，对低功耗物联网无线传输系统中数据交换机制进行整体分析和优化，提高低功耗物联网无线传输系统中的数据交换效率，改善系统网络性能将具有广阔的研究意义和应用价值。

1.1.1 低功耗物联网无线传输系统结构

图 1-2 为典型的低功耗物联网无线传输系统结构，其中节点被部署在特定的感知对象区域内，用以感知区域内需要监测的物理信息。

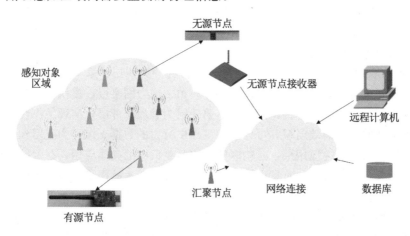

图 1-2 低功耗物联网无线传输系统结构

低功耗物联网无线传输系统中的数据传输节点主要包括有源节点和无源节点。有源节点具有低成本、低功耗、高灵活性和高扩展性的特点。有源节点能量的供应来源于自身携带的电池或者外接供电设备。当大量信息需要采集、处理和传输时，利用有源节点感知信息，完成信息获取。有源节点依靠电池为其自身供能，不同节点上配有不同的低功耗传感器（如有毒气体传感器，温度、光照和湿度传感器等），从而实现物理世界的信息感知。节点一旦被部署，就能够通过自组织网络的方式，进行感知协作，将感知的数据通过有源节点间多跳数据传输，将感知数据传输到接收节点处，实现了对监测区域物理信息的实时感知、传输、收集、处理和存储等功能。

1. 有源节点的结构

低功耗无线传输系统中的有源节点的结构包含：能量供应模块、数据采集模块、处理模块和通信模块，如图 1-3 所示。

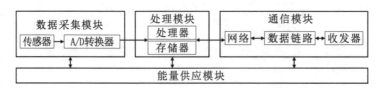

图 1-3 低功耗无线传输系统有源节点的结构

无源节点的能量供应来源于接收器发出的射频能量,获取的射频能量存储在其自身的电容中。接收器一方面为无源节点提供能量,一方面能够通过反向散射的通信方式将无源节点感知信息收集。当需要对区域内的物体进行查找、识别或者是对轻量感知信息收集时,采用无源节点来感知信息。由于无源节点具有操作方便、成本低廉等特点,可通过部署多个无源节点,完成物品身份确认和轻量感知信息的收集等操作。

随着无源感知技术的发展,依靠接收器射频能量供电的无源节点不仅能够完成节点 ID信息的收集,还能完成集成微控制单元和多种低功耗传感器等功能。相比于现有的普通无源节点,这种具备计算能力的无源节点不仅具有普通节点的识别功能,还能够实现低功耗的信息感知、信息处理和计算等功能,并将收集到的信息发送至接收器。无源节点的微控制单元能实现计算功能,也能够通过控制调度多种传感器,完成数据的感知、处理和发送。相比于其他依赖电池供电的设备需要不间断的后期维护和电池更换,无源节点能够从接收器发出的射频载波信号中获取能量以支持其完成自身的各种任务,真正具备了无源条件下的免维护特性。为此,在实际的操作和部署时,需要根据不同的应用场景提供不同的数据交换技术,从而满足各种应用场景的实际需求。

2. 无源节点的结构

无源节点与有源节点的供能方式不同,无源节点本身不携带电池,其能量供应来源于外界环境,大部分能量来源于接收器发出的射频能量,少部分能量来源于环境中的其他能量。无源节点的正常工作受限于能量的获取。在不同的应用场景中,无源节点的结构也存在差异,但共性部分包括数据采集模块、处理模块、通信模块,能量存储模块和能量获取模块,如图 1-4 所示。

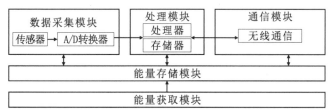

图 1-4　低功耗无线传输系统无源节点的结构

由以上内容可知,有源节点和无源节点都拥有数据采集模块、处理模块和通信模块。各模块的具体功能如下。

(1) 数据采集模块:采集真实世界的物理信息。节点通过外接不同的低功耗传感器感知不同的物理信息,通过 A/D 转换器可以将感知到的模拟信息转变为数字信息。

(2) 处理模块:整个节点的控制中枢,具有计算能力,能够对多种传感器的任务调度、对数据的采集处理进行能量管理。处理器通过计算节点中剩余的能量和现有工作完成量,调度节点各种模块并且完成特定的任务。其中,存储器用来存储节点所要执行的代码,感知数据信息并接收其他节点的数据。

(3) 通信模块:负责节点与外界的信息交换。有源节点能够实现感知信息的多跳传播,多个有源节点之间能进行通信,将感知信息通过多跳协作的方式传输到汇聚节点处;无源节点通过接收机实现身份确认、感知信息的收集和无源节点之间的信息传递。

(4) 能量存储模块:为无源节点提供能量,通过能量获取模块将收集到的能量存储起来，为无源节点执行多种任务提供能量。在通常情况下，常用的储能器件有电容、镍镉电池和锂电池等蓄电池。

（5）能量获取模块：无源节点的能量供应来源于对外界环境中能量的收集。无源节点能够根据具体场景的实际应用进行调节，利用外界环境和接收器的混合供能方式实现节点的正常工作。例如，在振动频繁的场景，可以利用振动产生能量来为节点供能；在太阳能充足的情况下，可以利用太阳能采集板为节点供能。

1.1.2　低功耗物联网无线传输系统主要特点

低功耗物联网无线传输系统会根据应用场景的不同来确定部署节点的类型，通过有源节点和无源节点的合理部署，实现对物理世界高效、实时、可靠的感知。与现有的数据交换传输技术相比，低功耗物联网无线传输系统具有如下优势。

（1）部署简单方便。在低功耗物联网无线传输系统中，不管是有源节点还是无源节点都属于无线部署方式，无线节点体积小，能够完成无线传输通信、数据感知、数据处理和数据存储等操作。当节点被部署在需要监测的区域或附近时，节点能够实现感知信息的收集和数据交换。无线节点不需要有线连接，部署方式灵活，能够有效解决有线监测系统的布线难题。

（2）工作时间长久。有源节点的能量供应主要来源于自身携带的电池，有源节点的处理器和感知单元都属于低功耗设备，保证了节点长时间不必更换电池也能顺利完成感知和传输任务。无源节点的能量供应来源于接收器发出的射频能量，这种射频能量的供应不依赖于周边环境，易于被操作人员部署、维护。

（3）维护成本低廉。无线传输系统投入少，更大程度上降低了系统维护的复杂度，减少了人力投入。有源节点耗能低，能够长时间运转。无源节点在部署完成后能够捕获环境中的射频能量，并将能量存储在自身的电容中，不需要后期更换电池或供电设备。因此，低功耗物联网无线传输系统的部署能够大范围地减少人力、物力的投入，有效地降低维护成本。

（4）使用范围广泛。在低功耗物联网无线传输系统中，如果被感知的信息满足节点自行组网、通信距离远等要求，可以采用有源节点完成感知信息的高效收集和快速组网传递；如果被感知的信息不需要满足节点长距离传输或是不方便携带电池等供电设备，可以采用无源节点进行信息感知。无源节点体积、质量更小，可操作性也更强，如能够广泛应用于身份信息确认行为监控等类似轻量化感知操作的日常监测中。

1.2　低功耗物联网无线传输研究现状

低功耗物联网无线传输系统中通常包含两种节点：无源节点（不需要自身携带电源模块）和有源节点（需要自身携带电源模块）。研究的内容包括：数据收集、数据反馈、数据传输和数据处理等。

1.2.1　无源节点数据收集研究进展

对于低功耗物联网无线传输系统中无源节点的数据收集问题，国内外众多研究团队都进行了相关研究。传统的无源节点的感知数据收集协议遵循标准协议 EPC C1G2。在数据收集过程中，为了减少节点之间的竞争冲突，对于不同的节点分配不同的时隙，即在单一时隙中，只能有一个节点与接收器正常通信，从整体系统的吞吐率来看，节点与接收器之间的单一通信效率并不理想。为了提高系统的通信效率，考虑节点与接收器之间的通信模式多样化设计，如在一个单时隙中允许多个节点与接收器进行通信，实现多个节点与节点之间的同时通信。然而，在现有的低功耗物联网无线传输系统中，若有多个节点同时发送信息至接收器，接收器的接收端会发生通信冲突。另外，现有的商用接收器并不具备从时域中分离多节点碰撞信号的功能。

（1）利用物理层信息分离节点信号：节点的物理层信息能够实现很多用途，如利用物理层信息能够实现节点指纹的信息识别，节点数量的基数评估和移动节点的检测等。有些研究者利用物理层的信息恢复碰撞的节点信息，从而完成多个节点并发传输的高效解码。安格雷尔（Angerer）等针对大型节点数据收集系统，利用接收器与节点通信的物理层信息，在物理层构建节点之间的碰撞模型，并提出了一种基于信道估计方法，实现了在物理层中多节点碰撞信号的信息恢复。

（2）利用信道信息分离节点信号：BLINK 中利用独特的反向散射通信特征，将接收信号强度（Received Signal Strength Indicator，RSSI）信息和丢包率的信息相结合，该方法能够优化数据收集系统的吞吐量，从而高效解码节点信息。接收器的采样频率远高于节点信息发送速率，能够采集到节点多个交错边缘的时域信号，Hu 等提出了一种利用交错信号边缘实现多个节点的并发传输，实现了节点的开启和中断控制。通过确保只有少数节点在单个时隙内碰撞，Wang 等介绍了一种新的反向散射通信方式，使碰撞作为一个稀疏矩阵变化，利用压缩感知算法并行解码。新加坡南洋理工大学的研究团队提出了一种预处理数据的方法和间歇性计算的方法，以减少能量的消耗，同时研究者通过减少循环冗余校验码（Cyclic Redundancy Check，CRC）的计算量来提高节点收集系统的吞吐量。BiGroup 能够充分利用未充分利用的信道信息标记节点特征的多样性，通过节点特征二分法实现并行解码。Laissez - faire 实现了一种非对称的反向散射通信方法，利用可靠的边缘检测、信号分离等方法实现了多节点碰撞信号的分离和解码的纠错。

（3）利用 IQ 域特征分离节点信号：Jin 等发现在动态环境下多个节点的碰撞信号会产生状态结合簇，节点状态结合簇的转移概率是稳定的，于是提出了 FlipTracer 协议，该协议通过分析碰撞节点信号在 IQ 域的几何特征构建出 OFG 模型，实现了动态环境下的物理层高效解码。古麦森（Gummeson）等利用最大化信道使用和最小化能量开销的方法，设计了一种介于 EPC 协议基础之上的协议，该协议允许多个节点与传统节点之间信道共存。Li 等通过优化节点动态帧时隙长度，减少无源节点的充电时间，来实现无源节点感知信息的高效收集。

在现有的低功耗物联网无线传输系统的无源节点数据收集协议中，现有的数据收集方法多采用已有的 ASK 调制节点，例如 WISP 节点和 Moo 节点，当多个节点之间并行发送数据到接收端时，现有协议依赖于稳定的信道系数，将接收节点数据映射到星座域中，根据星座域中的几何特征对无源节点进行解码。如果多个无源节点并行传输信息，复杂环境的影响加大了噪声干扰，物理层中多个节点的状态结合簇之间的距离会随着并行节点发送数量的增加而减小，接收器解码就变得困难。本章优化了无源节点的设计，采用 PSK 调制方式，在保证无源节点执行任务的同时，能够提高接收器接收端的输入信噪比，利于接收器对无源节点进行并行传输解码。

1.2.2　无源节点数据反馈研究进展

在低功耗物联网无线传输系统中，无源节点数据反馈的目标是能够快速地实现无源节点的重新配置，补丁修复或完成下行数据的传输等。对于以上功能的实现，传统的方法需要接收器和无源节点之间通过仿真调试器物理相连。然而，有些无源节点被部署在物理很难接触到的地方或者是已经嵌入物体内和建筑物的水泥内。通过以上分析可知，使用无线数据分发的模式可实现无源节点的数据反馈操作。

（1）节点固件信息更新：对于无源节点的数据反馈而言，已经有很多研究者对此进行了研究。最早的类似研究方法出现在无线低功耗有源节点传输网络中，有源节点需要使用数据反馈的模式，来更新有源节点的固件信息。XNP协议能够实现将要反馈到节点的固件信息广播到有源节点中，Deluge协议广播大量的数据包到多个接收节点。在无源节点数据反馈中，有很多工作的研究点聚焦于接收器对于无源节点数据反馈过程中能量供应中断的应对。Mementos对于能量供应中断而言，没有对节点的硬件电路进行改动，DINO极大地简化了系统编程，两个协议通过利用软件自定义的方法解决了无源节点能量供应中断的问题。Chime能够在节点的寄存器中嵌入检查点，并能够根据节点中的可用能量的级别来自适应调整检查点的速率。

（2）节点固件信息切换：Yang等实现了无源节点远程固件的切换，Wu等在此基础上实现了无源节点远程数据的分发，固件切换和代码修复等。Wisent是一种下行数据反馈协议，同时兼容现有的接收器与无源节点之间的EPC C1G2通信协议，能够实现接收器和节点之间远程的无线数据分发。然而，这些方法只是实现了接收器与一个无源节点之间的通信。此外，Stork协议在Wisent协议基础上扩展了EPC C1G2协议，实现了接收器与多个无源节点之间的通信。

现有数据反馈协议遵循的是接收器到无源节点之间执行一对一数据传输。即使单位区域内需要执行相同数据的反馈操作，现有的方法依然需要对每个节点逐个执行数据反馈操作。有些工作为了提高节点数据反馈的效率已经将无线传输的广播特性考虑进来，处于区域内的节点实际能够接收到控制命令和数据包。然而，上述工作是在EPC C1G2协议基础上进行了延伸，该协议规定了接收器会随机地选择节点来执行数据反馈协议。以上协议均未考虑与接收器维持正常通信的无源节点的链路特征评价。针对低功耗物联网无线传输系统中无源节点遵循的通信协议的特性，本章对这个问题进行了相关研究，以提高低功耗物联网无线传输系统中无源节点的数据反馈效率。

1.2.3　有源节点数据传输研究进展

在低功耗物联网无线传输系统中，有源节点的多跳传输效率如何进一步提高受到了广泛关注。低功耗物联网无线传输的链路不可靠，容易受到环境中的噪声干扰。无线传输系统容易遭受通信冲突，这主要是由于无线信道的广播特性。在公共信道中同时传输多路信息可能会相互干扰，从而导致发送数据包损坏。在无线传输系统中，网络规模的扩大及传输过程中链路的增长使得传输信道内节点数据冲突越演越烈，且单个节点有效的数据传输时间被压缩，当多个节点同时发送数据至接收节点时，会在接收节点处产生通信冲突，进一步增大了多跳节点的数据收集难度。若不能有效处理节点通信冲突,无线传输系统的信道利用率将会下降。因此,如何能够解决通信冲突是一个重要的研究方向。现有的有源节点多跳数据传输的优化设计大体可以分为以下两种:冲突避免策略和冲突容忍策略。冲突避免策略强调的是如何能够避免节点之间通信冲突发生。这种策略使多个发送节点之间随机选择退避时间,通过彼此等待时间的不同来区分开多个竞争节点之间发送数据的顺序。相反,冲突容忍策略强调的是允许节点之间通信冲突发生,倡导多个发送节点同时发送数据,同时访问共享信道的策略,适度的冲突容忍能够提高信道利用率。

冲突避免策略:为了避免多个并发节点产生通信冲突,早期的研究工作基本上都采用了802.11 载波侦听多路访问控制/碰撞避免协议(Carrier Sense Multiple Access with Collision Avoidance,CSMA/CA),并将其扩展到有源节点的多跳网络中。在 B - MAC 协议和 X - MAC 协议中,节点在每次传输信息之前要探测信道是否繁忙,如果探测到接收节点正与其中一个发送节点通信,则通过执行指数退避等待原则来减少发送节点之间通信冲突,通过这种冲突避免的方式来提高信道利用率。事实上,在大型网络中或者是节点分布密集的网络中,由于潜在的冲突是不确定的,在多跳网络中多个节点竞争信道的程度不同,所以节点选择退避等待的时间也是不确定的。因此,很多空闲时隙在信道中未被使用,从而影响了无线传输系统的信道利用率。

冲突容忍策略:冲突容忍策略中多个发送节点并发传输数据,允许多个发送节点能够在容忍适度冲突的过程中发送数据。典型的代表有 Chorus 协议、Flash Flooding 协议、Chaos 协议、Glossy 协议和 Splash 协议。这些协议的主要思想是利用捕获效应来实现多个节点并发数据的传输。然而,现有的利用冲突容忍的协议的局限性是这些协议只能用于泛洪或广播场景下,其中节点发送的数据包必须携带相同的数据,这些要求都极大地限制了协议的应用场景。

本书聚焦于无线传输系统中多跳节点的数据收集问题,现有的冲突容忍方法可以提高信道的利用率进而提高整体网络的性能,例如 CoCo 协议,该协议解决了有源节点单跳并发传输问题。但是,在实际的低功耗物联网无线传输系统中,如果直接利用这种单跳并发传输的冲突容忍方法,当连续多跳两到三跳后,每跳中频繁的协商机制会对每一跳产生时延。这样会使低功耗物联网无线传输系统的全网数据收集效率降低。所以,本书利用了无线通信冲突容忍机制,提出了一种既能够充分借用这种捕获效应,在提高每一跳的数据利用率的同时,又不会因为每一跳频繁的协商而招致多跳网络中时延的增大,从而提高低功耗物联网无线传输系统中有源节点多跳数据传输的效率。

1.2.4 无源节点数据处理研究进展

基于低功耗物联网无线传输数据交换的应用非常多,有源节点的应用主要包括军事监测、农业监测、生态预警、设施监测、工业安全监测、智能交通、智慧医疗和智慧家居等方面。在军事领域应用中,有源节点具有快速自组网的特点,能够在恶劣环境中用于监视战场战况,监测敌方目标,实现对目标的定位或者对敌方移动目标的跟踪等。对生态环境的监测,有源节点能够感知和实现对环境的监测,能够对环境保护提供更加科学的依据。在工业生产领域的应用中,有源节点能够被部署在危险的工作环境中,实现对工业设备,工作人员和工作环境的监测。在大型的物流仓储,智能交通和智能家居的应用中也能发挥无线部署方便的特性，通过节点之间自行组网，可实时地进行数据交换，经过多跳传输，将感知信息汇聚收集。

无源节点具体应用：无源节点因其低功耗无源特性，能够实现多种物理量的感知，应用前景也非常广阔，主要有具有传感器功能的感知应用、人类活动监测、健康监测、动物监测和物流供应链监测等。例如，研究者在无源节点的外部连接了低功耗温度传感器 LM94021，实现了牛奶包装品在存储中温度的实时感知。将无源节点贴在特殊的药瓶上（单次使用只能有单个数量的药品被倒出），实现了病人用药情况监测。将无源节点部署在床垫内部，实现了对人体睡觉姿势和睡眠质量的监测。将体积很小、重量很轻、集成度高的无源节点依附在飞蛾上，可以监测生物肌肉电流，实现了飞蛾运动状态和静止状态下肌肉温度变化的监测。将无源节点部署在直升机旋翼上，实现了直升机旋翼形变监测的功能。将无源节点部署在桥梁、建筑物的水泥体内，能够在不影响美观和正常使用的情况下，实现建筑物健康的永久监测。

无源节点感知数据处理：随着对无源节点研究的深入，很多研究者的研究重点聚焦于低功耗物联网无线传输系统行为感知数据处理的问题。萨克塞纳（Saxena）等设计了一种集成加速度传感器的无源节点，通过操作节点产生随机的序列数字来完成数据的处理识别。Ma 等设计了一种集成传感器的无源节点，可以抵御数据处理中的攻击问题。Su 等设计了一种集成加速度传感器的无源节点，能够实现用户行为数据的认证。尽管很多研究者利用集成有各种传感器的无源节点来提高对行为数据认证的精度和识别的效率，但这对于各自的系统设计而言面临着诸多限制，如系统前期部署和后期维护成本昂贵、用户操作复杂、对用户定义的行为数据空间有限等。本书在现有研究的基础上，设计了一种针对低功耗物联网无线传输的行为数据处理系统，同时能够兼容现有已经部署的无源节点数据处理系统。

1.3 低功耗物联网无线传输的应用领域

1.3.1 工业设备监控领域

随着工业 4.0 的兴起，新技术直接推动了工业制造的信息化发展。低功耗物联网无线传输节点能够对工业生产过程中产生的物理信息进行感知，将节点收集到的数据统一汇总起来，便于分析处理和统一决策。低功耗物联网无线传输系统不仅能够对工厂设备的性能进行监控，及时安排设备维护，最大程度减少设备故障的发生，提高运营生产效率，而且能够实现人员监控或者是危险环境的状况监测。

控制系统是工业应用领域最重要的组成部分，在工业应用中最为典型的是温度调节系统，如维持预期的恒定温度，通过调整冷却管的流量降低反应过程中的反应温度，以此实现恒温反应。通过低功耗物联网无线传输设备感知所监控领域的温度，将温度数据发送给控制中心，控制中心对接收到的温度数据进行加工、处理并反馈给控制流量的设备，当温度过高或过低时，发出报警人为调控。

1.3.2 环境监测和预报领域

当今环境问题越来越凸显，环境的监测和环境的预报也越来越重要。采取原始的有线数据采集和传统的人工采集方法成本很高，而采用无线低功耗传输系统为数据的获取带来了便利。将节点随机部署在需要监测的森林、草场、水源或者污染源附近，人员不需要进入采集区域，便可完成感知信息的收集。当出现多种自然灾害时，报警系统会及时通知救援人员，以便救援人员及时采取救援措施，更大程度地缩小受灾的范围及减少人员伤亡。同时，节点可以被部署在农田中，对于土壤灌溉程度、河床水位等进行监控，也可以对动物的栖息地和生存环境状况进行生态监测等。

1.3.3　建筑物健康监测领域

建筑物长期处于超负荷运转状态或者产生地基下沉等，这些都会导致建筑物的某些建筑部位损坏，如果建筑物缺少评估监测就会引起安全事故。无源节点工作生命周期长，将其部署在需要测量的建筑物关键部位，节点通过低功耗物联网无线传输协议，可不断地收集感知数据。而且，这些无线节点的部署，不影响建筑物的美观和正常使用。无源节点不需要更换电池，甚至可以嵌入建筑物水泥体内，定期借助接收器将无源节点的感知数据收回，既减少了人力物力消耗，也能极大地避免灾难的发生。这种监测方法被广泛运用于高楼大厦、桥梁、公路、隧道、斜坡轨道和古建筑等建筑物的工作状态和健康状况监测领域。这种监测方法不仅能够为建筑物的安全运营提供保障，降低建筑物危险事件发生的概率，还可提高监测任务的工作效率，而且后期使用成本和维护成本低廉，便于推广。

1.3.4　智慧出行领域

随着城市的不断发展和人民生活水平的不断提高，城市的交通压力随之不断增大。如何更好地引导市民智慧出行，避开拥堵路段，提前规划出行路线等，这些原先美好的愿景，随着物联网技术的日趋成熟也变成了现实。低功耗物联网无线传输技术能够将交通信息感知，通过多个子系统间的数据分享，将用户的目的地信息和周边路段的信息结合并计算出最佳的出行方案，然后反馈到不同的用户，从而更好地控制和引导车流量。无线低功耗节点部署方便，能够部署在有线传输不方便部署的地段，在不影响正常交通的情况下，实现了无线传输的区域覆盖。通过多种传感器的感知和共同协作，能够对交通路面情况、容易积水区域、交通事故和其他危险情况提前预警。同时，可以将具备不同传感器的节点部署在车辆内部，以汽车个体为数据感知和数据采集终端，车辆在行进过程中能够将感知数据传输到邻近的数据采集站点，这些数据采集站点，利用数据融合技术，将多种感知数据上传到交管部门，为交管部门提供精确的交通信息，交通部门通过信息集中调度和信息发布可实现智慧出行的目的，减少了交通拥堵事件的发生，对减少尾气排放和保护环境起到了积极作用。也可将这些节点运用于公交车的到站提醒，更大程度地提高时间的利用率，避免发车时间间隔过长，浪费大量等车时间；也可将共享单车的定位切换为低功耗的无源感知，避免很多地方不能骑行的问题，在增大覆盖率的同时，降低进一步开发的成本。

1.3.5　智慧医疗领域

智慧医疗和医疗信息化是医疗未来发展的大趋势，低功耗物联网无线节点能够用于医疗设备资产管理、医疗信息数字化，以及医疗药品、医疗试剂、血液等特殊监测物品的管理。病人们的各种可穿戴设备和嵌入衣服或者佩戴的节点能够提供感知信息，实现心率、行走、运动信息、睡眠质量和位置信息的监控。在医疗设备上部署监测节点，能够实时地感知不同医疗设备当前的使用情况，尽早地分流病人去往不同的区域检测项目，提高医疗设备的利用率并减少病人的排队等待时间。将体积小、可以重复利用的无源节点部署在输液瓶上，能够对输液瓶中药品的液面位置进行监测，提高病人输液监控的安全性，降低医院医护人员的工作强度。无源节点能够被依附到特殊药瓶（单次取药只能取出单颗药品）的表面，能够对病人的用药情况进行监测，减少由于忘记是否服用药物而引起病情加重事件的发生概率。低功耗物联网无线传输系统的部署，能够对医疗相关的设备、物品、人员进行全方位监控，明显提升医疗服务质量，有效推动智慧医疗的发展。低功耗无线传输系统可以为独居老人、儿童、病人的实时监控提供很大的帮助，避免一些安全隐患。例如，当老人摔倒或者突发疾病抽搐时，可以及时发出报警；对无人看管的留守儿童实时监控，可避免产生安全隐患；也可在复检病人的复检过程中监测复检动作是否标准，提高检测的准确性。

1.3.6 智能家居领域

随着国家层面对生活智能化的不断推进，消费者对智能家居的认可度不断提高，人们的日常生活水平也得到了极大提高。智能家居是智慧物联网的一个缩影，能够将家庭安防、家庭娱乐、家庭互动和家庭生活等高效地结合起来。低功耗物联网无线传输系统中的节点能够有效地感知光照强度，实现家居中百叶窗的调节，稳定光照强度。用户能够远程控制家中的联网设备，对家庭的保洁机器人、热水器的开关、家中的通风系统实现远程控制。对于家中的植物花卉的护理，无线节点通过感知土壤温湿度，可以自动对植物花卉进行定期浇水维护，通过对花卉生长环境的有效评估和温湿度的精确反馈，为花卉的生长创造有利条件。对于独居且不会使用电子设备的老年人，可对其家中的电子设备进行远程操控，如调节空调温度等，更大程度地提高老年人的生活质量，也尽可能地避免安全隐患。

1.3.7 电子取证领域

无线网状网络不仅具有传统的无线传感器网络的自组织网络的优点，而且不需要依托基站或者接入点等设施就能够实现数据传输。传统的无线网络采用的是中心式的网络结构，无线网状网络中的每个节点既可以作为用户端，也可以作为其他节点用户的接入端，能够被用于其他节点用户的通信中继器。无线网状节点采用双网口设计，既可以独立于传统无线网络，多节点之间自组织网络完成数据的传输；又可以与传统的无线网络相融合。鉴于网状网络此特性，无线网状网络常被用于灾后通信、应急通信等领域，降低了有线网络的建设和维护费用，因此，无线网状网络也是当前的研究热点和无线接入的重要设施，所以有必要对网状网络的电子取证进行研究。

在大数据、物联网技术等网络技术迅猛发展的今天，计算机网络的安全问题已经受到了广泛关注，在享受科技给我们生活带来便利的同时，这种便利是一把双刃剑。在网络犯罪规模逐渐呈现上升趋势的背景下，在传统电子取证的基础上，深入研究当今较为火热的物联网技术，尤其是研究可以同时作为路由器和客户端接入的网状网络，网状网络的大面积普及带来了全新的挑战和技术难题，尤其是在电子取证领域。随着大数据和物联网时代的到来，犯罪行为也正在发生新的变化，因此为了维护社会的和谐稳定，适应这些新的变化就显得非常重要。

1.4 本书结构

本书研究了低功耗物联网系统数据传输技术及其应用相关问题，全书组织结构如图1-5所示。

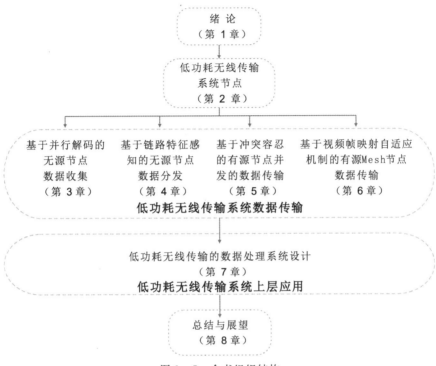

图1-5 全书组织结构

>> 第 2 章

低功耗物联网无线
传输系统节点

2.1　有源节点

有源节点的种类众多且研究较成熟，例如，加利福尼亚大学洛杉矶分校研究团队设计的 CENS Medusa MK2 节点，加州大学伯克利分校研究团队设计的 Dot 节点和 Telosb 节点等等。

表 2-1 展示了由加州大学伯克利分校研究的早期节点演变而来的不同有源节点，从表中能够看出，节点在微控制器芯片选取、时钟频率、存储器容量、无线电发送速率和操作频率之间的差异。由于 Telosb 节点在市场上销售的时间最长，尤其是 Telosb 节点被工业界和学术界的认可，使得其被广泛使用。

表 2-1　不同有源节点的对比

型号	CPU	Clock / （MHz）	RAM/Flash/ EPROM/B	BW / （Kb·s^{-1}）	Freq. / （MHz）
WeC	Atmel AT90LS8535	4	512/8K/32K	10	916.5
Dot	Atmel Atmega 163	8	1K/16K/32K	10	916.5
Mica2	Atmel Atmega 128L	8	4K/128K/512K	38.4	900
Mica	Atmel Atmega 128L	4	4K/128K/512K	40	916.5
Smart-its	PIC 18F252	8	3K/48K/64K	64	433
CIT Sensor Node	PIC 16F877	20	368/8K	76.8	868
U3	PIC 18F452	0.031～8	1K/32K/256	100	315
EnOcean TCM120	PIC 18F452	10	1.5K/32K/256	120	868
Particle2/29	PIC 18F6720	20	4K/128K/512K	125	868.35
iMote2	Intel PXA 271	13～104	256K/32M	250	2400
TelosB	TI MSP430F1611	8	10K/48K/1M	250	2400
iMote	Zeevo ZV4002（ARM）	12～48	64K/512K	720	2400
Ant	TI MSP430F1232	8	256/8K	1000	2400

Telosb节点的操作系统为TinyOS，使用两节AA电池进行供电，其主控CPU芯片支持 8 MHz，通信芯片为CC2420，支持 2.4 GHz 无线电通信，能够实现最高 250 Kb/s 的通信速率，采用 Zigbee 无线射频芯片和 16 位精简指令集 MCU 两种低功耗模块，GreenOrbs_Telosb 节点实物图如图 2-1 所示。

图 2-1　GreenOrbs_Telosb 节点实物图

2.2 无源节点

2.2.1 无源节点研究简介

无源节点相较于有源节点研究起步较晚，很多研究者对无源节点的硬件设计、能量获取方式和外接传感设备等方面进行了改进和相关研究。低功耗物联网无线无源节点能够实现能量获取、感知信号收集、感知信号传输和微小计算等功能。无源节点能够从环境中获取能量，从而不依赖于电池供电。

史密斯（Smith）等提出的无源感知节点（Wireless Identification Sensing Platform，WISP）的前身是 α-WISP，其第一次使用 ID 调制技术将感知到传感信息的比特流嵌入符合无源节点的通信信道中，使得其能够在当前无源节点的基础设备上建立一个新的用于传输传感器感知数据的通信层。相比 α-WISP，具有三轴传感器的 WISP 需要更加复杂和更加通用的节点支持，史密斯等在 α-WISP 的基础上提出了更加通用的节点 π-WISP，该节点可以将感知和调制功能通过水银开关进行区分。

美国华盛顿大学和因特尔西雅图研究中心的研究团队共同设计了通用的开放无源感知节点，即真正意义上的 WISP 节点，该节点不需要外接电池，因为它能够直接从节点接收器发出的射频信号中获取能量。WISP 节点是一种开源的开放式架构设计，能够兼容现有的射频识别标准协议 EPC C1G2。同时，WISP 节点在传统 RFID（Radio Frequency Identification，射频识别）的基础上，集成了加速度、温度等多种低功耗传感器设备，能够利用射频能量驱动低功耗传感器实现感知信息的收集。WISP 节点的主控芯片为支持 8 MHz 晶振的 16 位超低功耗微控制器 MSP430F2132，其上配有三轴加速度计 ADXL330 传感器和 LM94021 温度传感器（以及 MSP430 内部的温度传感器），正常工作电压为 1.8 V，支持 8 KB 闪存和 16 位寄存器。其硬件 I^2C（Inter-Integrated Circuit，双向二线制同步串行总线）接口可以扩展 I^2C 接口器件和 12 位 A/D 转换器，最高通信速率可达 200 Kb/s。同时，该器件具有四种低功耗模式，能够实现物理信息量的感知收集。WISP 无源节点实物图如图 2-2 所示。

图 2-2　WISP 无源节点实物图

在 WISP 节点的基础上，古麦森等研究者提出了一种利用太阳能板对无源节点混合供能的技术，实现了节点更广的通信范围和更高的读取速率。耶格尔（Yearger）等创建了 Neural WISP 节点，他们大胆尝试利用 WISP 节点驱动神经放大器集成电路。接收器发出的载波经过幅度调制来编码下行链路数据，下行链路数据调制过程中会增加噪声，研究者利用接收器的图形用户界面处理来显示尖峰检测。加斯科（Gasco）等与波音公司的费拉伯别（Feraboli）教授团队合作开发了 Strain Gage WISP 节点，用来检测机翼或者机身的复合材料的健康状况。因为不需要更换电池，所以可以将 WISP 节点永久嵌入机翼中，不会带来电磁干扰，且不影响飞机的正常使用。桑普尔等利用太阳能电池板作为无源节点的天线，不增加零件数量，不改变节点的组装过程。这样能够实现太阳能量和射频能量的收集，同时，节省了节点的制造面积和制造成本。耶格尔与奥蒂斯合作开发设计了 SOC－WISP，该节点面积小且质量轻，能够依附在飞蛾上，可以监测飞蛾在飞行过程中肌肉温度的变化。

2.2.2　无源节点组成结构

无源感知节点是一个开放源代码和完全无电池能量供应的应用节点，能够被用于低功耗的感知、计算和通信等场景，其硬件设计已经公开。WISP 节点有诸多优点，如开发成本低廉、易于调试和测量等。其电路板上预留了外接低功耗传感器接口，以便适用于更广的应用场景。WISP 节点的硬件框图如图 2－3 所示，主要包括用于接收信号和捕获射频能量的天线模块，在负载电路和匹配天线之间的阻抗匹配模块，接收到的射频能量存储在能量收集模块中为其他模块供能，接收器发出的射频信号被整流成直流电压对节点的其余模块进行供电，解调器模块将载波上的幅度信号转化为逻辑电平以便 MSP430 微控制器解析，实现接收器到节点下行链路数据的传输。调制器模块通过改变节点天线阻抗将射频信号反射回去，实现了节点到接收器上行链路数据的发送。微控制器 MSP430 通过对其内部温度传感器和节点外接传感器模块控制实现了对硬件电路的整体控制调度。

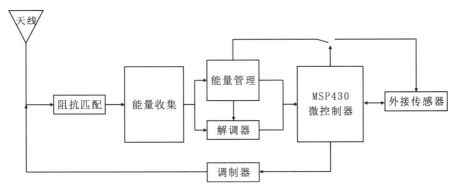

图 2－3　WISP 节点硬件框图

WISP 节点硬件中的主要模块有能量获取与调制解调模块、能量管理模块、微控制模块和接口与外设模块。接下来分别对其进行介绍。

1. 能量收集与调制解调模块

无源节点依赖于接收器发出的载波对其供能，由于接收器传输的功率限制和电磁波传播相关路径损耗，实际达到节点的功率很小。因此，节点需要将接收器微弱的载波信号转化为能量存储起来。WISP 节点的能量获取电路如图 2－4 所示。

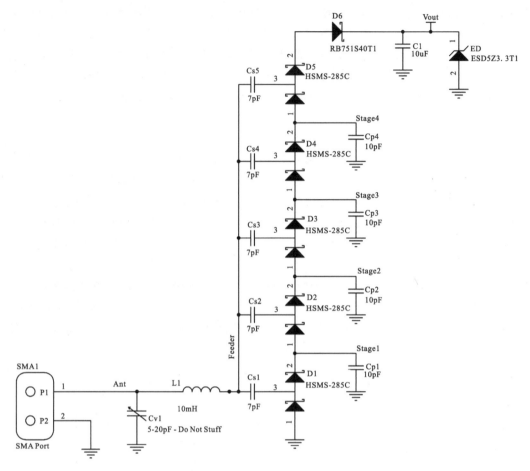

图 2-4　WISP 节点能量获取电路

（1）能量收集：WISP 节点的偶极子天线能够将接收到的射频功率馈送到节点的模拟前端。节点的匹配网络用于提供从天线到整流器的最大功率传输。匹配天线和后端负载电路阻抗在匹配良好的情况下能够将大部分能量传递到节点的后端，供节点后端电路使用。WISP 节点选取了专为射频低功耗应用设计的 HSMS-285C 肖特基二极管，用于实现电路的五级倍压。同时，该电路将输入模拟电信号转化为直流电信号存储至储能电容中。

（2）信号解调：通过信号包络检波后，信号振幅较高的部分通过 RB751S40 单相导通二极管后，经过稳压处理，减小了电压波动幅度。之后，通过比较电路将接收到的模拟信号转换为数字信号，通过电平转换器，将信号的高电平转换为满足 MSP430 工作的常规电压（1.8 V）。节点通过使能端 Receive_RFID_Enable 有选择性地开启和关闭比较器，只有在需要信息解调时才打开比较器，无信息解调器则关闭比较器，从而减少了能量流失，以最大效率供 WISP 节点充电获能。

（3）信号调制：WISP 节点采用的是 ASK 调制方式，其设计原理是利用节点上的微控制芯片 MSP430 的 I/O 引脚控制 N 沟道的绝缘栅型场效应管的通断来调整节点的阻抗匹配以实现通信。WISP 节点与接收器之间遵循 EPC C1G2 协议，采用反向散射的方式完成信息传输。当节点发送低电平信息时，节点天线与后端电路阻抗匹配，节点的天线将接收到的大部分射频信号传输到后端电路；当节点发送高电平信息时，节点短接天线两端，天线将大部分射频信号反射回去。WISP 节点信号调制解调电路如图 2-5 所示。Transmit_RFID 引脚接的是 MCU 的 I/O 口 P1.1。BF1212WR 是 N 沟道绝缘栅型场效应管，它的 1 端（D 端）接地，2 端（S 端）接天线。当 I/O 口发送高电平时，$V_{GS} > 0$ 使得 MOS 管导通。这时天线与地直接相连，导致负载被短路，此时电阻等于 0。根据 $\Gamma = \dfrac{Z_0 - Z_L}{Z_0 + Z_L}$ 可以得出，此时的反射系数 $\Gamma = 1$，天线呈现驻波状态，也就是天线收集到的信号全部反射回去。相反 I/O 口发送低电平时，MOS 管截止，全部进入后端的能量存储模块，反射系数 $\Gamma = 0$ 天线上呈现行波状态。

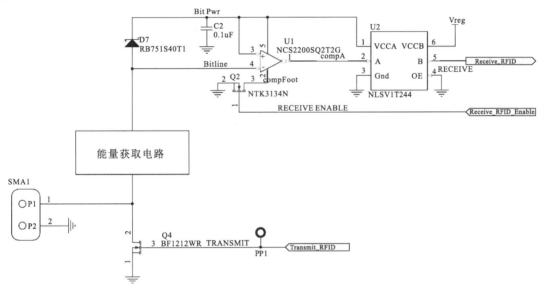

图 2-5　WISP 节点调制解调电路

2. 能量管理模块

为了满足无源节点低功耗要求，要尽可能降低微控制芯片的功率消耗。由于 Friis 路径损耗传播影响和开放环境下能量获取的不确定性，如图 2-6 所示，电压阈值比较器 S-1000C20-N4T1X 的阈值电压为 2.0 V，当阈值电压超过 2.0 V 时，指示微控制芯片进入工作模式；当阈值电压未达到 2.0 V 时，指示微控制芯片进入休眠模式。由于电压阈值比较器输出的检测电压为实时收集的电压，为了微控制单元能够识别到电信号，需要通过电平转换器 NLSV1T244 转换成微控制单元可识别的工作电压。同时，节点为了得到更加稳定的工作电压，需要将收集回来的能量经过 NPC583 稳压器进行稳压操作，从而使节点获得更加稳定的 1.8 V 工作电压。节点的能量管理过程分别体现在唤醒机制，电平转换和稳压过程。

3. 微控制器模块

WISP 节点采用的微控制芯片是超低功耗 MSP430F2132，该微控制芯片包含 RAM、ROM 和时钟控制器等模块可供其调用。同时，微控制器负责控制传感器和外接低功耗设备正常工作和数据的收集处理和通信等。图 2-7 展示了 WISP 节点的微控制单元。节点在接收器发出单个 Query 命令时，无法持续获得能量。节点为了积累更多的能量，使用了大电容（10 μF）在多个 Query 命令过程中积累能量。当获取足够的电压时，节点能够突发操作，与接收器执行通信操作。以上这些操作都依赖于微控制芯片的精细控制调度。

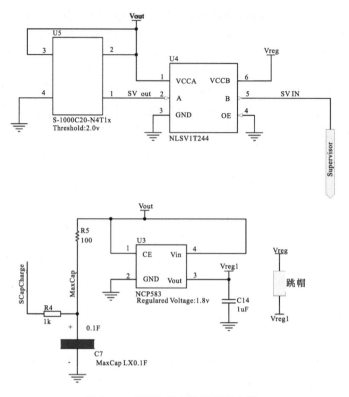

图 2-6 WISP 节点能量管理电路

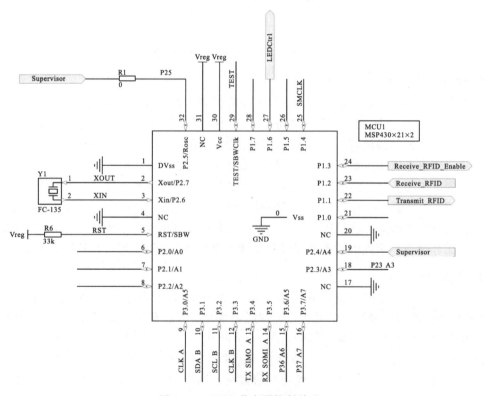

图 2-7 WISP 节点微控制单元

4. 外接传感器模块

如图 2-8 所示，P1 接口是节点与 JTAG 调试器物理连接口，P2 和 P4 接口是为了测试方便引出的接口，为了直观地观察测试程序外接了 LED，方便显示。同时，节点能够外接低功耗传感器，这样设计可方便日后节点的扩展，以适应节点在不同环境下的应用。

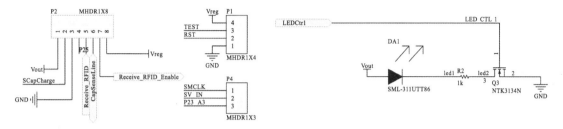

图 2-8　WISP 节点的接口和外设

2.2.3　无源节点改进

单纯依靠接收器发出的射频载波作为唯一能量供应的无源节点还有 Moo 节点等。在 WISP 节点基础上，马萨诸塞大学研究团队研究出 Moo 节点，其对微控制单元和存储单元进行了相应的优化，该节点遵循现有的无源节点通信标准协议，能够实现重编程等功能。美国华盛顿大学研究团队设计的 Ambient Backscatter Tag 能够利用每个城市都有的电视塔发出的射频信号，从中捕获射频能量作为其唯一能量来源，以支持自身携带的微控制单元工作，而且其还能够反射电视塔射频信号的能量，实现了无源节点之间简单的通信功能。

国内研究无源节点的部分研究成果有，浙江大学研究团队研究出 TB-WISP5 节点，该无源节点不仅集成了温度、光照、加速度传感器等，而且能够根据需要自行增加其他低功耗传感器；电子科技大学的研究团队针对 WISP 节点射频前端能量捕获效率不高的问题研究出 Opt-WISP，极大地提高了节点能量捕获效率。

本章小结

现阶段被广泛使用的无源节点是 WISP 节点和 Moo 节点，这两个无源节点基本上使用幅移键控（Amplitude Shift Keying，ASK）的调制方式来与接收器进行通信，该调制方式的优点是电路实现简单，能够将能量收集最大化，缺点是抗干扰性差，尤其是在复杂环境下，无源节点并发传输的抗干扰性差，不利于接收器对其后期的解码。为了让无源节点适于不同的应用场景，更大地发挥其优势，需要对现有无源节点进行改进，本章尝试采用相移键控（Phase Shift Keying，PSK）的调制方式来降低节点之间并发传输的干扰。

第 3 章

基于并行解码的
无源节点数据收集

3.1　引　言

在低功耗物联网无线传输系统中，无源节点由于其低功耗感知传输特性而得到了广泛应用，如应用于资产管理、物品跟踪、转动偏心检测、节点移动检测、交互式运动检测等。很多研究者在无源节点通信链路优化方面做了相关研究，如如何进一步提高无源节点通信距离和无源节点数据传输系统的吞吐量；如何解决相同协议和不同协议设备之间的相互干扰问题，实现多协议下的设备共享，从而使节点能适应于更加广泛的领域。

无源节点本身没有携带供电设备，其能量来源主要是接收器对节点发送的能量波。现有的无源节点数据收集通信协议 EPC C1G2 在很大程度上限制了节点的处理能力和响应时间，具体表现如下：整个网络信息传输带宽受单个传输节点影响，每个节点的传输速率通常情况下只有几十到几百 Kb/s。接收器发送的控制信息要求所有节点监听并处理控制信息，这些计算和感知的阶段也消耗了节点大量能量。节点捕获的能量中 74% 用于反向散射通信，如何将无源节点的感知信息高效地传输到接收器端是当前研究的热点问题。既然单个节点是按照单时隙传输来避免通信冲突的传输信息方式效率低下问题，那么一个潜在提高节点信息传输效率的方法就是允许多个节点在单个时隙内实现高效的并发数据传输，然后用接收器在接收端分离节点的冲突信号。

但是，多个节点在单个时隙内并行传输势必会发生通信冲突，接收器无法从时域信息中分离并行传输节点信息，接收器分离多个节点的冲突信号有很多挑战。其中一个主要挑战是如果直接采用现有成熟的无源节点，如 WISP 节点和 Moo 节点（这些节点均采用 ASK 调制方式），则接收器只能依赖于稳定的信道系数将节点数据映射到星座域中解码。然而，在实际的低功耗物联网无线传输系统中，节点通常处于复杂的环境，噪声干扰严重，信道条件不稳定，信道参数也无法预估。因此，直接采用现有的并行传输数据收集协议和现有无源节点不能很好地适应低功耗物联网无线传输的实际场景应用。另外，多个节点并行传输数据，物理层中多个节点状态结合簇之间的距离也会随着节点数量的增加而减少，接收器对多个节点星座域中的状态簇的区分难度也相应增大。

本章考虑了低功耗物联网无线传输系统复杂环境下节点数据的收集场景，并重新设计了无源节点，以适用于噪声干扰严重的复杂环境下的多节点并发传输应用，从而提高节点在复杂环境中的抗干扰能力。重新设计节点的目的是采用 PSK 调制，PSK 调制比 ASK 调制有更好的抗噪声性能，通过这种调制方式的改变，节点在接收器端的输入信噪比得到了提高，提升了接收器在物理层对节点状态结合簇的区分能力，从而有效降低了节点并行解码的误比特率，明显提高了低功耗物联网无线传输系统中无源节点感知信息收集的效率。

3.2　无源节点数据传输

3.2.1　单节点数据传输

数字调制技术可分为线性调制和非线性调制。线性调制技术的特点是传输信号的幅度会随着调制信号的变化而变化，非线性调制技术的特点是传输信号随载波的频率或者相位而发生变化。

现有的反向散射通信标准协议 EPC C1G2 中规定，节点采取 ASK 调制方式对数据编码，接收器采用脉冲宽度编码（Pulse Interval Encoding，PIE）方式向节点发送信息。这种编码方式用规定脉冲下降持续不同时间的宽度来表示数据信息，以长间隙和短间隙分别表示数据比特"1"和"0"。在幅度调制中，已调信号的幅度会随着调制信号幅度的变化而不断发生变化。

当节点和接收器之间的数字调制方式为调幅时，接收到电子波的载波信号的质量和接收到的能量存在线性关系。调幅调制方式能够将调制信号的幅度全部加载到载波上。调频调制方式的载波包络不会随着调制信号的改变而改变，对于这种稳定的包络信号而言，调频信号的传输功率是恒定的，不会随着信号的幅度而发生变化。调相调制方式与调频调制方式类似，都属于角度调制，相位调制的瞬时相位会随时间发生变化。节点采用这两种调制方式，具有良好的抗干扰性能。

在现有的成熟节点设计中，节点基本采用幅度调制方式。采用幅度调制的节点其电路设计简单，但其调制数据信息随着信号幅度的变化而变化，抗干扰能力差。调频信号不易受到动态环境和脉冲干扰噪声的影响，调频比调幅拥有更好的抗噪性能，然而调频的电路设计相比调幅的电路设计复杂。相比调幅和调频的调制方式，调相的调制方式误比特率更低，抗干扰性能最好。如何更好地提高节点在低功耗物联网无线传输系统中面对复杂环境下多节点并行传输的抗噪声性能，是多节点并行传输首先需要解决的问题。

传统的 EPC C1G2 协议最初的设计思路是高效收集节点的身份信息。节点的身份信息数据量小，在通常情况下是 12 B。EPC C1G2 协议设计的初衷就是尽量减少节点之间的冲突，在单时隙内最好只有一个节点与接收器通信。接收器高效地接收节点的身份信息，从而完成节点身份信息的识别。EPC C1G2 协议为接收器与简单节点的身份信息确认提供了一种高效的识别方案。

随着电子芯片电路设计技术的提高，无源节点不仅能够存储节点 ID 信息，而且能够集成微控制单元和低功耗传感器等。相比于现有的普通节点，这种具有微控制芯片的节点不仅具备普通节点的身份认证功能，而且能够实现低功耗的信息感知、信息传输和简单计算等功能。这种无源节点能够借助于接收器发出的射频能量，完成信息的实时感知和收集。接收器与节点之间采用反向散射的通信方式，接收器一方面能够为无源节点提供各种操作的能量供应，另一方面能够将节点的感知信息进行收集。显然，传统的 EPC C1G2 协议不能满足此时接收器与多个节点之间数据量较大的信息感知和信息传输的需求。

单个节点与接收器的单时隙通信过程效率不高，很多时隙都是空时隙，这些时隙没有被利用起来。一种自然而然的想法就是利用多个节点并发传输数据为反向散射提供更高的数据传输吞吐量，但这势必会导致多个节点在接收器的接收端发生信号冲突。现有商用接收器在时域信息中只能接收单个节点。当多个节点并发传输时，接收器只能通过时域信息和物理层信息辅助解码多个节点传输信息的状态。但是，传统的方法适用场景维持在一个干扰小的静止环境中。在遇到噪声干扰小的情况下，节点物理层中的星座域信息分类效果较好，接收器对多个节点的状态结合簇易于区分，从而能够完成多节点的并行解码。但是，在真实的复杂场景中多数节点处于干扰严重，周边物体频繁移动的复杂环境下。所以，有必要寻找出一种适用于复杂环境下并发传输节点的解码方案，从而对低功耗物联网无线传输的效率进一步优化，以增加无源节点使用场景的广泛性。

3.2.2　多节点数据传输

节点通过接收载波信号和反射载波信号来表示低电平（L）和高电平（H），采用幅度调制的方式来实现节点信息的调制，对于单个节点 i 来说，高低电平的状态表示如下：

$$S_i = L_i \text{ 或 } H_i \tag{3-1}$$

对于单个节点而言，接收器接收到节点的信号表示如图 3-1 所示，接收器能够通过节点时域信号的高低电平来对节点进行解码。

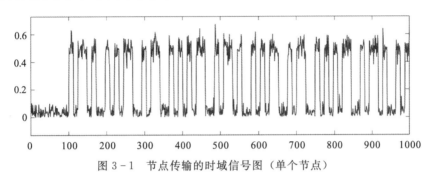

图 3-1　节点传输的时域信号图（单个节点）

对于两个节点而言，接收器接收端收到的时域信号是两个节点 i 和 j 各自信号的叠加。接收器接收到的时域信号信息呈现出四种高低电平状态 (L_i, L_j)、(L_i, H_j)、(H_i, L_j) 和 (H_i, H_j)，时域信号如图 3-2 所示，接收器通过节点在时域中的四种高低电平来对节点进行解码已经变得稍显困难。

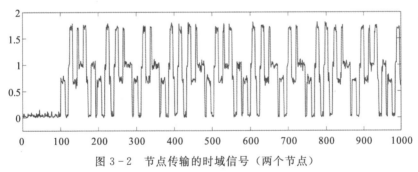

图 3-2　节点传输的时域信号（两个节点）

对于三个节点而言，三个节点并行发送数据时接收器端产生信号叠加，产生 2^3 种状态，接收器接收到的时域信号如图 3-3 所示，接收器无法通过这些节点时域信号的高低电平完成对并行传输节点的解码。

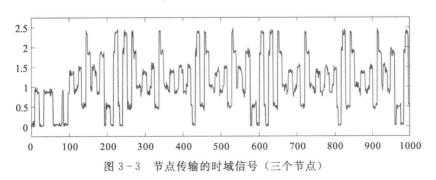

图 3-3　节点传输的时域信号（三个节点）

当 N 个节点并行传输数据时，这 N 个节点的高低电平会在接收器端进行信号叠加，产生 2^N 个不同信号幅度的高低电平，节点信号状态表示如下：

$$S = [S_1, S_2, S_3, \cdots, S_{i-1}, S_i, S_{i+1} \cdots S_{2^N}] \qquad (3-2)$$

随着并发传输节点数量的持续增多，接收器接收到的节点叠加的状态个数呈指数增长，接收器无法从节点的时域信号中分离冲突信号的信息，无法完成对节点并行解码。现阶段研究中，有些研究者利用星座域中多个节点状态结合簇的不同位置关系来分离节点的冲突信号。当节点并行传输信息时，不同节点的相位信息和幅度信息能够创建多个状态结合簇，在星座域中不同的簇对应于节点之间的高低电平组合状态。接收器接收到采用 ASK 调制的节点时域信息并映射到星座域中，映射结果如图 3-4 所示。

图 3-4（a）展示了没有节点传输信息时，接收器接收到的物理层信号特征。如果没有噪声信号的干扰，在接收器载波传输时，物理层信号会叠加到一个点上。由于噪声遵循的是高斯随机分布，因此信号聚集在一个中心点周围，呈现正态分布特征。图 3-4（b）和（c）分别表示了单个节点和两个节点的星座图。图中每个簇代表了节点之间的状态结合簇，当两个节点并行传输时，彼此高低电平的组合有四种可能的结合簇状态。随着并发节点数量的增多，节点状态结合簇的个数以指数级方式增长。当噪声对节点干扰严重，节点输入接收器的信噪比降低，节点状态结合簇的半径会持续增大。在这种情况下，多个状态结合簇之间就会发生重叠现象，接收器无法分离出属于各自节点的状态簇，致使接收器无法对并行传输的节点解码（见图 3-4（d））。

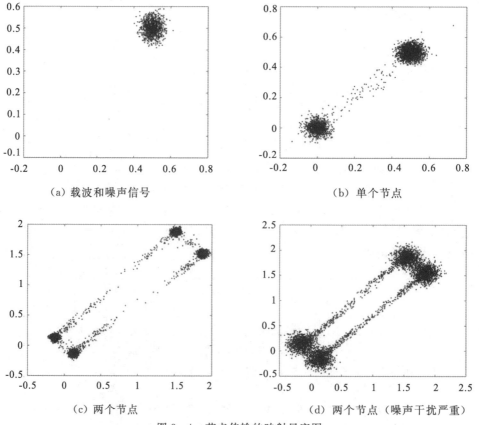

（a）载波和噪声信号　　　　　　　　　　（b）单个节点

（c）两个节点　　　　　　　（d）两个节点（噪声干扰严重）

图 3-4　节点传输的映射星座图

无源感知节点设计的初衷是为了使能量收集最大化，从而满足节点的感知、计算和传输等功能的实施。为了提高接收器解码并行传输节点的准确率，最直接的办法就是提高接收器接收端节点的输入信噪比。在相同的环境下，相比采用 2ASK 的调制方式，节点采用 2FSK 或 2PSK 调制方式拥有更好的抗噪性能表现（见图 3-5）。结合低功耗物联网无线传输系统的实际情况和节点设计要求，本章选择了 2PSK 的调制方式重新设计节点，原因如下：

（1）如果采用 2FSK 的调制方式，节点在设计时需要本地产生一个相同频率和相位的载波，节点电路设计和能量供应方面难以实现。

（2）当误码率相同时，2ASK 相比 2FSK 要求高出 3 dB 的输入信噪比，相比 2PSK 高出 6 dB 的输入信噪比。

（3）当节点处于高斯噪声环境下，采用 2PSK 调制的节点拥有更强的抗噪声干扰性能。同时，在信噪比 r 一定的情况下，假设 $r = \dfrac{a^2}{2\sigma_n^2}$ 为接收器的输入信噪比，其中 $\dfrac{a^2}{2}$ 为节点的信号功率，$\sigma_n^2 = n_0 B$ 为噪声功率，系统误码率 $P_{e相干解调} < P_{e包络检波}$，所以，本章设计的节点采用相干解调的方式；而且，如果对于二进制数字调制系统来说 2ASK 采用相干解调的可靠性为 $P_{e,\,2ASK} = \dfrac{1}{2}\mathrm{erfc}(\sqrt{\dfrac{r}{4}})$，2FSK 采用相干解调的可靠性 $P_{e,\,2FSK} = \dfrac{1}{2}\mathrm{erfc}(\sqrt{\dfrac{r}{2}})$，2PSK 采用相干解调的可靠性 $P_{e,\,2PSK} = \dfrac{1}{2}\mathrm{erfc}(\sqrt{r})$，采用相同的相干解调方式，由于互补误差函数随着自变量的增加而减少，从而可以得到 $P_{e,\,2PSK} < P_{e,\,2FSK} < P_{e,\,2ASK}$。

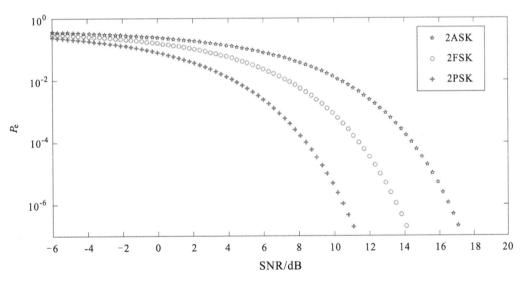

图 3-5　2ASK / 2FSK / 2PSK 的性能比较

为了进一步提高接收机接收端节点信号的输入信噪比，同时将节点设计的难易程度、实现成本和能量供应等方面都考虑在内，同时，结合上部分公式及实验图展示，本章采用 2PSK 调制方式对节点进行重新设计。

3.3 基于并行解码的上行数据收集系统设计

3.3.1 协议设计

在低功耗物联网无线传输系统中，节点通常处于干扰噪声严重的复杂环境中，为了更好地对并行传输节点执行并行解码，本章节点的调制方式使用相比 ASK 抗干扰性更强的 2PSK 调制方式。上行链路信息高效收集的核心思路是多个节点采取并发传输思想，如果多个节点在同一时隙内并发传输，势必会在信息收集端接收器处发生通信冲突。

接收器需要收集 N 个节点的信息，其中 n 个节点发生冲突，f 个节点处于一个帧的概率为 $1/f$，接收器对于节点信息收集中产生通信冲突的概率 P_c 的表达式如下：

$$P_c = C_N^n (\frac{1}{f})^n (1-\frac{1}{f})^{N-n} \qquad (3-3)$$

接收器和节点之间如果采用传统的协议进行信息收集，通过理论分析得出节点发生通信冲突概率图，据统计有 36.77% 的时隙是空闲时隙，即节点没有与接收器产生通信；有 36.81% 的时隙是单一时隙，即单一节点与接收器通信成功，没有发生通信冲突；有 18.40% 的时隙是两个节点同时与接收器通信的时隙，即两个节点与接收器通信发生通信冲突；有 6.13% 的时隙是三个节点同时通信的时隙，即三个节点与接收器通信发生通信冲突；有 1.53% 的时隙是四个节点同时通信的时隙，即四个节点与接收器通信且发生通信冲突；只有 0.36% 的时隙是五个及五个以上节点同时通信的时隙。所以说，只要解决了四个和四个以下节点的通信冲突问题就能够实现接收器对于节点信息的高效收集。

1. 节点时域信息映射

在反向散射通信中，接收器发出的载波能够为无源节点执行各种任务提供能量供给，节点能够将感知信息传输到接收器，实现感知信息的实时传递。对于单个采用 2PSK 调制的节点，信息 "0"，信息 "1" 和载波三种信号，节点状态结合簇的个数是 3^1 个，对于 n 个节点并行传输而言，节点之间状态结合簇的个数为 3^n 个。

当接收器发送载波与节点通信的过程中，载波中包含同向 I 分量和正交 Q 分量。节点在接收到载波后，反射回来的信号中依然包含同向 I 分量和正交 Q 分量。对于单个节点 j 来讲，接收器接收到的信号表示为

$$S_j = S_I^j(t) + iS_Q^j(t) \qquad (3-4)$$

其中 $S_I^j(t)$ 和 $S_Q^j(t)$ 表示同向分量和正交分量，对于 N 个节点而言，接收器收到的信号为多个节点的信号叠加，可以表示为

$$S = \sum_{j=1}^{N} S_I^j(t) + iS_Q^j(t) \qquad (3-5)$$

节点在上行传输的过程中，多个节点在位边界处发生翻转，在时域信息中发生了幅度的变换，在星座域信息中发生了多个组合状态之间的转换。

2. 节点符号分簇

当接收器接收到多个节点的物理层信息后，这些信息能够被表示为 IQ 平面上的复数信

号。如果节点与接收器通信的过程中没有噪声干扰，节点的物理层符号会在星座域中叠加到一个点上。但是，在实际情况中由于噪声干扰且其遵循高斯分布，噪声信号在星座域中叠加到一个中心点周围。当节点没有被激活即没有节点与接收器通信时，接收器接收到的信号是接收器不断发送的载波信号。

接收器接收到的节点物理层信号能够在星座域中表示为多个散落的点，散落的符号点需要归属到属于各自的符号簇中，接收器需要把具有相似特征的符号点归为一类。星座域中的符号点分散于低密度区域，在各自区域中又具有稠密度特性，这种情况应使用基于密度的 DBSCAN 聚类算法来对符号点进行簇的分类。成熟的聚类分簇算法还有很多，例如，K-Means 算法等。本书选择 DBSCAN 聚类算法的原因如下：DBSCAN 算法是基于密度计算聚类，它将具有密度较大的区域划分为簇，并在具有噪声的空间数据集中发现任意形状的簇，簇的定义为密度相连的点的最大集合，可以识别出突出的噪声点。例如，节点信号中的噪声点。该算法适用于低功耗物联网无线传输中，复杂环境下具有一定的抗噪声性能；K-Means 算法在聚类划分时需要提前制定 k 值，也就是划分簇的个数。该算法中初始聚类中心对聚类分簇结果影响很大。对于低功耗物联网无线传输系统而言，接收器无法提前知道传输节点的数量，进而无法提前判断出节点状态结合簇的划分个数；K-Means 算法对于数据集中的任何点都要归到某一类中，对异常点即噪声点尤为敏感，不适用于复杂环境下的低功耗物联网无线传输。通过选取 DBSCAN 分簇方法，我们可以尽最大可能减少节点的噪声及其他干扰带来的影响，进而对节点状态结合簇进行准确归类划分。

3. 符号簇状态恢复

接收器接收到多个并发节点的物理层信号，将这些信号在星座域分簇之后，根据多个簇之间的特征关系进行标记。此处，需要注意的是，传统的单个节点传输，其误比特率比较低，当多个节点并行传输时发生信号冲突，其误比特率也会升高。因此，在节点信息被送到解码前就需要对其进行纠错。如果使用复杂的纠错方法，例如，维特比解码方法，确实能够更进一步降低节点信息解码误比特率，但是，复杂方法不适用于无源节点这种能量受限型设备，而且高级别的处理方法会加大信息处理的时间和计算复杂度，这样会增加节点感知信息传输的时延，不适用于低功耗物联网无线传输系统，所以，能否借助节点编码的本身特性来对节点信息进行纠错。仔细分析 FM0 编码特性得出，FM0 编码在每一位数据开始前都有一次跳变，如果码元的中心处发生跳变，该数据表示为 0；如果码元的中心处没有发生跳变，该数据表示为 1。如图 3-6 所示，正常的 FM0 编码在码元变化处都会发生翻转。如果有的码元在变化处没有发生应有的翻转即没有发生高低电平的转化，则对该比特信息需要进行纠错操作，以便提高后期接收器解码的成功率。

下面以两个节点为例介绍节点在星座域中的符号簇状态恢复。对于节点 A 和节点 B 来说，能够分别得到包含两个节点信息的序列，例如节点 A 的序列为 XX'XX00X'X'，节点 B 的序列为 Y0YY'Y'YY'Y，目前导码规律是已知的（见图 3-7）。根据节点的前导码规律就能够解码节点信息，进而确定符号 X 和 Y 具体表示的值为 "1" 还是 "0"，以便与节点的编码信息相对应，从而完成并行传输的各个节点的解码，实现基于 2PSK 多个节点的并行高效传输。

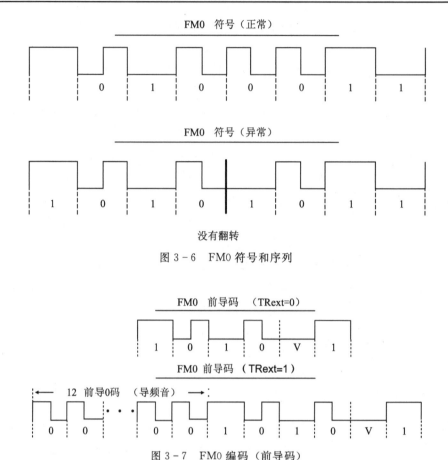

图 3-6 FM0 符号和序列

图 3-7 FM0 编码（前导码）

为了高效率地提高无源节点数据传输效率，一方面要从节点数据传输协议着手，另一方面要从节点硬件电路设计着手。

3.3.2 节点硬件设计

无源节点的硬件整体设计包括调制方式、接口与外设、阻抗匹配设计等。

1. 调制电路设计

上面已经分析了节点采用 PSK 调制方式在低功耗物联网无线传输系统尤其是并行数据传输中能够具有较强的抗噪声性能。为了节约节点电路板设计成本和提高后期电路板的兼容性，在电路板制作时采用了四组阻抗匹配网络。如图 3-8 所示，对 WISP 节点的调制电路重新设计，取消了 WISP 节点通断键控的发送单元，取而代之的是四组阻抗匹配网络电路。根据本章实际的电路设计需要，采用 2PSK 调制方式的电路只需要两组阻抗匹配网络即可。

2. 接口与外接设备电路设计

图 3-9 为重新设计的节点接口和外接设备电路。引出 P6 测试口，方便对自行设计的节点发送端的输出信号进行测量；引出与大电容相接的能量存储检测口 P7，方便观测电压的捕获值；引出接收端检测口 P4，方便监测节点的信号接收情况；P3 为输出电压与工作电压检测口；P1 为节点与 JTAG 仿真器的连接下载口。

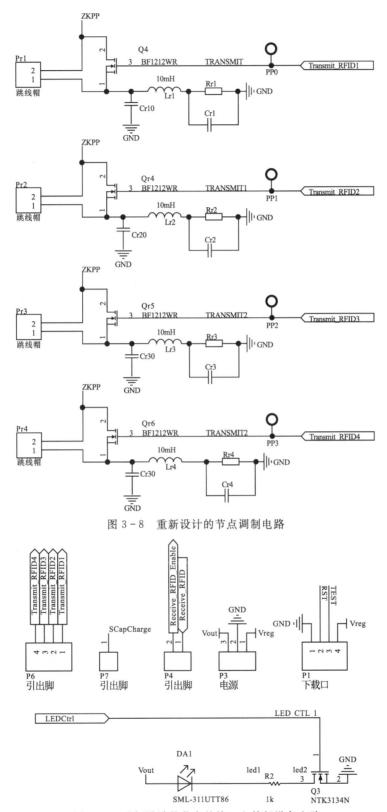

图 3 - 8　重新设计的节点调制电路

图 3 - 9　重新设计的节点的接口和外部设备电路

3. 阻抗匹配设计

利用 MOS 管的开关特性调整节点的负载阻抗，使其在匹配和不匹配两种状态下进行切换。在设计中，实际调整阻抗的操作过程如下。

在实际操作中，由于电路设计和环境中各种因素的影响，实际测量设计的节点电路阻抗后，发现节点的电路阻抗经阻抗匹配后无法落在理论中心位置 50 Ω 处。最后，选取接近理论值的实验结果 25.7 Ω 作为实测中心点位置，其位置在图 3-10 中的 DP1 处。阻抗匹配后将位置调整到 DP2 处，其阻抗为（20＋20j）Ω；根据 Smith 圆图的实测中心对称找到点 TP3 位置处，其阻抗为（20－20j）Ω。可以看到点 DP2 与点 TP3 在同一反射系数圆中，所以它们的反射系数相同，而且电阻相同，电抗互为相反数。这两点的阻抗值一个具有感性，一个具有容性。也就是说信号经过具有这两个阻抗值电路一个会产生 90°的相位偏移，一个会产生－90°的相位偏移。这样就得到相差 180°的两种信号来实现 2PSK 的调制方式。

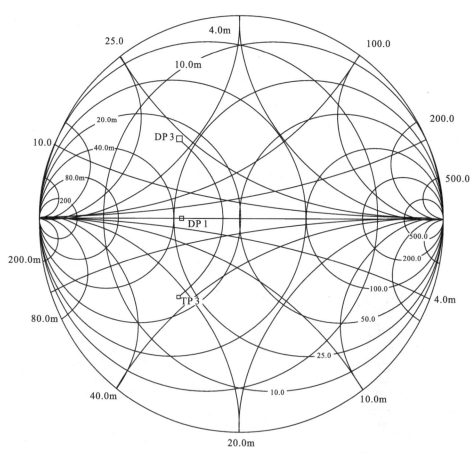

图 3-10　Smith 圆图的中心对称点测量

结合 WISP 节点的开源资料和硬件电路原理图，本章在其基础上进一步改进，综合考虑实验测试和日常低功耗场景实际使用，重新对 PCB 版图进行布局和布线，具体的硬件电路原理图和 PCB 版图见附录，重新设计的采用 2PSK 调制的无源节点硬件设计实物图如图 3-11 所示。

（a）正面

（b）反面

图 3-11　节点硬件设计实物图

3.4　实验评估

在实验评估中，主要对比了采用 PSK 调制方式和 ASK 调制方式的多节点并发数据传输实验性能。传统的基于 ASK 调制方式的多个节点并发传输方法，即为基于 ASK 调制的簇并行解码（ASK-based Cluster Parallel Decoding，ABCPD）的方法。本章提出的基于 PSK 调制方式的多节点并发传输的方法，即为基于 PSK 调制的簇并行解码（PSK-based Cluster Parallel Decoding，PBCPD）的方法。

3.4.1　实验设置

节点接收器：由于商用接收器 R420 只能接收来自普通节点和采用幅度调制的单时隙发送的节点信息。为了验证并发传输节点的数据收集，实验选取了通用软件定义无线电外设（Universal Software Radio Peripheral，USRP）N210 作为节点的接收器。实验选取的接收器上的子板型号为 RFX900，接收器的操作频率为 925 MHz。同时，接收器连接了两个型号为 Laird S9028L 的天线。在实验中设定接收器的物理层采样频率为 4 MHz，输出增益为20 dBm。

无源节点：在本章实验中，选取了 WISP 节点和自行设计的节点进行多节点并发传输实验，WISP 节点能够支持内部程序的修改，方便开发和设计协议性能的对比。为了增加多个节点的并发传输概率，本章轻微修改了 WISP 节点中 Aloha 时隙部分，使节点一旦接收到接收器发出的 Query 命令即回复接收器。节点的反向散射链路频率（Backscatter Link Frequency，BLF）默认为 100 kHz，节点传输信息数据包大小默认为 100 b，基本能够满足日常感知信息的信息长度。实验中使用的 WISP 节点和本章改进的节点的实物图如图 3-12 所示。图 3-13 中展示了本章对多个节点并行数据传输解码的实验测试环境。

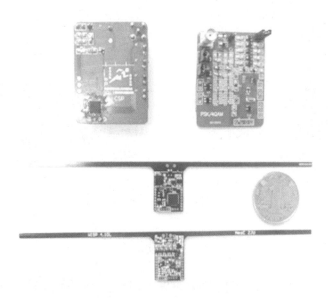

图 3-12 本章设计的节点和 WISP 节点

图 3-13 实验环境

3.4.2 性能评估

本章修改了节点中的部分 Aloha 协议，增加了节点之间并发传输的概率，当接收器发送 Query 命令后，多个节点会同时回复各自的 RN16 信息给接收器。在真实场景中多个节点并发数据传输，如果解决了四个和四个以下节点的并发传输，就解决了实际中 99.64% 的数据并发传输问题。为了考虑本章研究方法在实际低功耗物联网无线传输系统数据交换的具体应用，在实验中分别执行两节点，三节点和四节点并发传输的情况。每组实验进行 50 次，将平均实验结果进行统计。传统的 EPC 数据收集方法核心思想是节点分时隙传输数据，避免多个节点发生通信冲突，称为 TDMA 方法；基于 ASK 调制的簇并行解码（ASK - based Cluster par-allel decoding，ABCPD）的方法，称为 ABCPD；本章提出的基于 PSK 调制的簇并行解码（PSK - based Cluster parallel decoding，PBCPD）的方法，称为 PBCPD。本章从以下两个评价指标对以上协议进行性能对比。

吞吐量：用于评价系统能够接受并转发的最大数据量，其反映了低功耗物联网无线传输系统对于节点数据传输的数据速率。

误比特率：用于衡量多个节点并行传输中节点数据信息传输精确性的指标，其反映了低功耗物联网无线传输系统中数据并发传输的可靠性。

3.4.3　实验结果

为了更好地从细节处评估 PBCPD 的性能，本章对比了 WISP 节点在遵循传统 EPC 协议数据传输情况，WISP 节点采用簇并行解码的方法和本章提出的采用 PSK 调制的簇并行解码方法。

首先，执行多个节点采用不同机制的数据并发传输实验，节点数量从 2 增加到 4。如图 3-14 所示，采用传统 EPC 协议即执行 TDMA 机制的数据传输吞吐量不会随着节点数量的增加而增加，只能保持同单个节点的吞吐量，其通信效率不高，不适用于多节点并发数据传输。如果节点采用 ASK 调制方式的 ABCPD 机制，该机制在并行解码的过程中，吞吐量会随着节点数量的增加而增加，但是其增长速度不如 PBCPD 机制，PBCPD 机制会随着节点数量的增加，系统吞吐量明显增加。这得益于使用的节点采用 PSK 调制方式，接收器在多个节点状态结合簇的分簇过程中，对于散落数据点的区分更加容易，将散落点的划分错误率也能够进一步减少，便于接收器对多个节点数据传输并行解码。

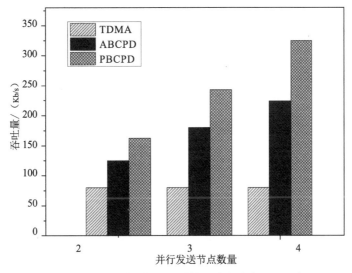

图 3-14　不同机制下不同数量并发节点的吞吐率

图 3-15 展示了在不同机制下，接收器随着节点数量的增多解码误比特率的情况。从图中可以看出 PBCPD 机制的解码性能优于 ABCPD 机制。随着并发节点数量的上升，这两个机制的解码性能都会下降，采用两种解码方法的误比特率会随之升高。接收器解码并发传输节点采用 PBCBD 机制的误比特率较小，这是因为在 PBCPD 机制中，采用 2PSK 调制方式节点的抗噪声性能强，接收器接收到的节点的输入信噪比高，致使多个节点状态结合簇在星座域中状态区分明显，易于接收器对于多个节点状态结合簇的划分。

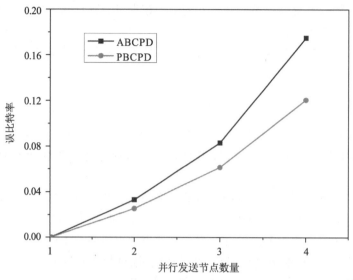

图 3-15 不同机制下不同数量节点的误比特率

如图 3-16 所示，PBCPD-EC 机制代表了未加入错误修正（Error Correction，EC），从图中能够看出，不加入错误修正机制其在并发节点数量较少情况下优势不明显。随着并发节点数量的增加，其加入错误修正的 PBCPD 机制相比没有加入错误修正的 PBCPD-EC 机制提高了接近 18.17%。随着节点数量的增加，节点状态结合簇之间的距离也相应减少，加入错误修正能够利用节点自身的比特特点来辅助接收器解码节点信息。

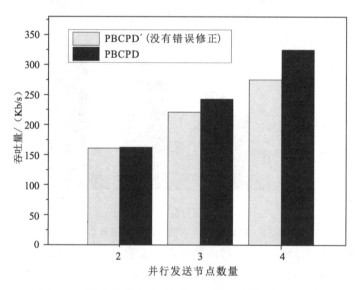

图 3-16 PBCPD 机制和 PBCPD-EC 机制的吞吐量比较

为了分析多节点并行传输机制在不同信道条件下的吞吐量表现性能，在三种环境下，实验室、楼道和空旷环境中测试协议，分别代表信道条件差、一般和良好的情况。如图 3-17 所示，PBCPD 机制对于环境的变化和信道条件的改变其性能没有太大影响，该机制具有较高的鲁棒性。ABCPD 机制在信道条件差的情况下其抗干扰性能弱，容易造成节点状态结合簇的区分混淆。

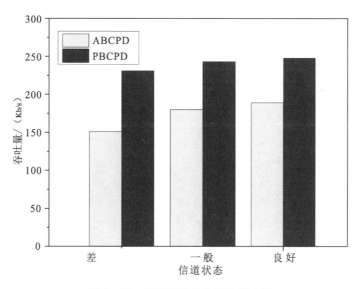

图 3-17　不同信道条件下的吞吐量

本章小结

本章提出了一种适用于低功耗物联网无线传输系统中多个节点上行数据传输的并行解码方案,分析了采用 ASK 调制方式节点并行解码技术的特点,随着上行数据传输节点数量的增加,接收器对于节点物理层信息的节点状态结合簇的状态区分变得困难。为了提高节点的抗干扰性,采用 PSK 调制的节点能够更好地适用于低功耗物联网无线传输系统复杂环境下感知信息的收集,利用节点结合簇在星座域的序列特征,我们提出了一种适用于低功耗物联网无线传输的复杂环境下多个节点并行解码的数据收集方案。最后,通过大量的实际测试,验证了本章提出的并行解码数据收集方案能够明显地提高低功耗物联网无线传输系统在复杂环境中节点感知信息的上行数据收集效率,提高系统的吞吐量。

第4章

基于链路特征感知
的无源节点数据分发

4.1　引　言

随着感知节点对无源需求的不断增加，无源节点作为一种新型的技术，能够从根本上解决节点对电源的依赖。无源节点能够捕获来自环境中的射频能量为其自身执行感知、通信和计算等操作提供能量。无源节点拥有无源和免维护的特性，它们可以使用于不同的场景中，例如建筑体结构健康监测、生物体肌肉温度测量、起搏器控制、访问控制、智能看护、环境监测，门禁安保等。

接收器与无源节点的通信可分为上行链路传输和下行链路传输。上行链路也被称为前向链路，在传输过程中能够有效地收集节点的身份和感知信息。下行链路也被称为反向链路，在传输过程中一般可以实现节点的重新配置、重编程、固件切换和下行链路的数据传输等等。无源节点能够从环境中捕获能量，不需要后期频繁更换电池。节点数据反馈分发操作是下行链路数据传输的重要部分，如果对节点升级或者后期维护，现有方法则是通过有线连接的方式对节点进行固件更新或重编码。然而，许多无源节点被部署在物理连接很难实现或不可能再次到达的场景中，如有的节点甚至被嵌入建筑物的混凝土墙体内。为了实现这些节点的配置或其他操作，无线数据分发为下行链路数据传输提供了一种有效可行的方法。

在现有方法中，节点无线配置和重编程方法依赖于接收器发送指令到节点，节点运行预先存储在微控制芯片中的程序。例如，研究者兰斯福德（Ransford）和 Wu 等通过接收器向节点发送指令实现了节点远程的固件切换。Tan 等提出了一种节点下行数据反馈协议，并通过改变块写入长度来执行数据传输。如果遵循传统的 EPC C1G2 协议，接收器和节点之间一对一传输通信效率低下。安切斯（Aantjes）等实现了下行链路数据的广播式传输。对于用户来说，希望区域内的节点实现不同组的节点数据反馈分发操作，现有的协议不能很好地进行组播式传输。这些协议在以下两个主要方面受到了限制。第一，广播式数据分发思想能够提高数据分发效率，但不能轻率使用。例如，对于不同的节点组，本章希望实现不同的代码分发或实现不同的数据传递。第二，节点数据分发的评价指标不明确，节点的链路特性发挥着重要作用，例如，EPC C1G2 协议不允许接收器同时与多个节点通信。如果简单地使用广播思想，接收器随意地选择节点与其通信，显然，这样的通信方式效率不高，接收器没有将节点的链路特征考虑在内。

为了解决第一个问题，本章采用组播式数据反馈分发通信，该方法适用于组节点的数据分发。与传统的 EPC C1G2 相比，广播通信提高了下行数据传输的效率。然而，对于不同节点组，广播通信显然不适用于发送不同的下行链路数据。因此，本章在协议设计中为不同的节点组提供组播通信。通过应用不同的前缀匹配过滤器实现分组数据组播分发，用以提高分组节点的数据分发效率。

为了解决第二个问题，本章引入主从节点的概念，与接收器维持正常通信的节点属于主节点，监听接收器和主节点通信的节点属于从节点。通过动态评估主节点的链路特性来提高整个数据传播的效率和准确性。此外，本章在接收器和无源节点系统中首次提出了链路特性，包含链路质量特征和充电效率。其中，链路质量包含节点的接收信号强度（Received Signal Strength Indication，RSSI）和节点读取率（Read Rate，RD Rate）的组合；将节点的充电效率考虑在内，是因为无源节点在执行数据分发操作之前，其获取的能量需要达到启动阈值。在此，综合考虑链路特性有助于接收器选择链路特性良好的节点。相比链路特性较差的节点，具有良好链路特性的节点更易于接收器的能量供给和数据通信，而且，能够更快更准确地执行下行链路数据传播。与先前方法相比，本章设计了一种链路特性感知度量的主节点选择机制，通过动态地评估链路特性来确定主节点选择策略的优先级，从而降低重传概率，提高节点数据反馈分发效率。

4.2 EPC 协议指令分析及局限性

4.2.1 EPC 协议指令分析

Query，QueryAdjust，QueryRep（强制命令）：接收器的盘存循环以 Query 命令开始，Query 命令启动并规定了盘存周期。Query 命令中包括一些重要参数，例如节点数据传输速率、调制方式，最重要的参数是 Q 参数。Q 参数设置每轮中的时隙数；节点选择 0～（2^Q-1）中的随机值；之后，该值将加载到节点的时隙中，当每个节点的时隙计数器达到 0 时，则可以回复接收器。这样可以有效地减少多个节点对接收器的响应冲突。QueryAdjust 命令用于 Q 参数的调整，而不更改任何其他参数。QueryRep 命令指示节点的槽计数器减值，如果槽计数器在减值后等于 0，则向接收器返回一个 RN16。节点的盘存和访问过程如图 4-1（a）所示。

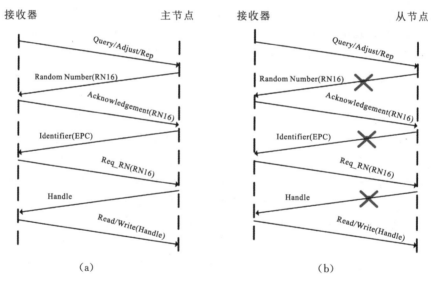

图 4-1 主节点和从节点的盘存和访问

RN16：节点通过发送 16 位随机数回复接收器，使用随机数作为句柄是一个节点和接收器之间的重要特征。

ACK（强制命令）：接收器返回 ACK 命令来确认节点回复的 RN16 信息，该命令用于确认节点信息。

NAK（强制命令）：接收器可以通过发送 NAK 命令让所有节点达到仲裁状态。

EPC：节点确认，当节点收到带有自己发送的 RN16 句柄的 ACK 消息时，接收器已准备好接收消息。对于有效句柄 RN16，节点向接收器回复自己的 EPC 值。与仅由接收器收集身份信息的传统节点不同，无源可计算节点有时需要将大量传感数据作为 EPC 值传输。此命令可以检查数据存储的正确性。

Req＿RN（强制命令）：接收器指示节点发送回新的 RN16。

Read（强制命令）：该命令允许接收器读取节点的不同部分。这些部分包括保留字段，EPC 存储器，节点标识符字段和用户存储器。此命令还能验证数据存储的正确性，与 EPC 相比，Read 命令能够更快地验证存储数据。

Write（强制命令）/ Block Write（可选命令）：该命令允许接收器向节点写入一个或多个字。这两个命令包含不同的命令帧头，因此节点可以区分不同的命令。

4.2.2　EPC 协议的局限性

1. 应答回复效率低下

当接收器收集节点信息时，发送查询命令启动盘存轮询。该命令包括重要参数 Q。参数 Q 可以设置该轮中的节点时隙长度。为了减少节点应答冲突，节点随机选择一个时隙来计算等待。从上面的分析可以看出，节点随机选择时隙进行回复，这种选择具有随机性。EPC 协议设计的初衷是用于传统简单节点的信息收集，因为传统节点只需要完成身份信息的认证即可，这种避免冲突的方法简单有效。然而，主节点选择的重要性影响数据下行链路数据反馈的效率。为了深入分析随机选择机制，本章使用五个节点进行了多次测试节点回复接收器的实验。节点的接收信号强度能部分反映节点与接收器的链路质量，从图 4-2（a）中可以看到，在众多节点中，节点 2 的链路质量最好，但第一回复接收器为节点 1。从图 4-2（c）中观察到，节点 5 的链路质量最好，然而第一回复接收器却为节点 2。接收器与第一回复接收器的节点之间呈现不确定关系。如果选择了链路特征较差的节点作为主节点，这意味着组播式数据反馈分发效率将降低。

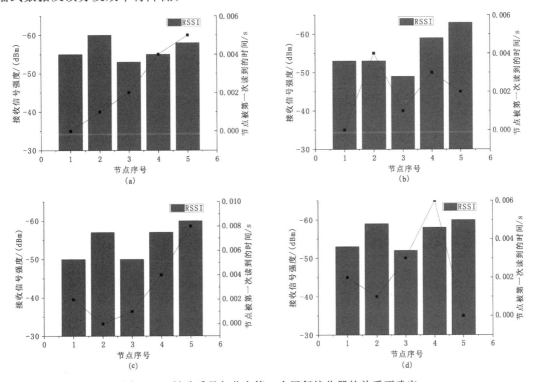

图 4-2　链路质量与节点第一次回复接收器的关系不确定

2. 单播通信效率低下

接收器发送的 Query 命令是广播命令，同样，QueryRep 和 QueryAdjust 也是广播命令，每个节点都可以听到这些命令。此外，不同节点将根据 Query 命令中的参数 Q 等待其响应时间。从这个时刻起，接收器发送的所有消息都包含在密钥中，其中密钥包括 RN16 和句柄，这些信息都用于接收器和节点之间的单一通信。密钥机制一方面意味着它可以避免节点之间的冲突，完成节点信息的收集；另一方面则代表其他节点也会听到接收器发出的信息，但由于遵循 EPC 通信协议，它们无法回复接收器。

在 EPC C1G2 协议中，除了 Query 命令及其他相关命令 QueryRep 和 QueryAdjust 之外，接收器发出的命令都是与节点单独通信的。即使接收器需要将相同的数据反馈分发到多个节点，接收器依然需要逐一选择节点重复进行传输信息。很显然，这样一对一通信的传输效率低下，不利于数据快速反馈传播。本章关注的重点是如何能够利用组播思想实现接收器和节点之间一对多通信，由于协议本身的限制，这种想法不能直接使用于现有商用接收器和节点。但是，现有商用接收器的大范围使用易于被用户操作。是否可以寻找到一种方法，使得接收器与节点之间一方面遵循现有的通信协议不需要对接收器进行改进，另一方面实现接收器一对多的数据传播方法，对于接收器不需要进行升级和改变硬件设施，只需要修改节点端的通信协议逻辑即可。如何修改节点端通信协议逻辑，将在下一节中具体描述。

4.3　下行数据反馈协议设计

4.3.1　协议预览

正如前面所描述，对于简单节点的信息收集，随机响应策略简单且高效。但是，无源节点需要更多的能量来维持其自身的感知、计算和通信等操作。就下行链路数据反馈而言，节点只有在捕获的能量超过激活阈值时才能接收信息。因此，在数据反馈协议设计中需要评估两个重要参数，充电效率和链路质量。在设计具有多播思想的高效数据反馈协议时，需要考虑一些实际问题。第一，对于不同的节点组，需要传输不同的数据。因此，本章采用组播下行链路通信模式执行数据反馈分发。第二，与有源节点相比，无源节点数据反馈应该考虑节点充电时间，节点达不到阈值电压无法执行写入操作。第三，接收器应该根据节点的链路质量和充电效率来选择链路特性最好的主节点。当主节点和接收器保持正常通信时，从节点监听主节点与接收器之间发送的数据信息。最后，接收器需要对下行链路数据反馈的正确性进行验证，接收器选择验证效率高的命令验证写入节点信息的正确性。

协议设计的核心是链路特征估计，将节点的充电效率和链路质量考虑在内。接收器对节点执行数据反馈操作，节点的操作电压需要达到写入电压。节点的链路质量需要同时结合接收信号强度和节点读取速率，接收信号强度可以分析节点和接收器之间节点位置关系的影响，节点读取速率能够反映每单位时间节点被接收器读取的次数。

图 4-3 展示了基于链路特征感知的无源节点数据反馈协议工作过程。开始时，所有节点都保持正常状态，接收器可以根据 EPC C1G2 协议从无源节点中收集信息。此时，节点之间没有区别。接收器捕获不同节点的链接特征对节点信息进行估计，同时完成对节点的划分。节点被分为两类：主节点和从节点。之后，接收器立即用主节点的句柄广播下行链路反

馈命令（Write 或 BlockWrite）。当主节点检测下行链路传播命令的句柄与自身信息一致时，它将自己的标志位置为 1。默认情况下，节点的标志位为 0，以遵循协议来与接收器保持正常通信。此时，从节点处于监听模式，不回复接收器发送的消息。这些从节点只能接收下行链路数据传播命令并忽略命令中的句柄信息。接收器使用 Read 命令来验证正在写入的数据的准确性。如果数据不正确，则应重新传输。接收器继续从组节点中选择具有良好链路特征的从节点作为下一个主节点。重复上述步骤多次，直到组内所有节点数据反馈操作结束。

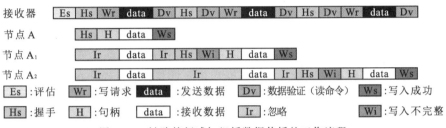

图 4-3　链路特征感知组播数据传播的工作流程

4.3.2　下行组播数据分发

本章协议设计的灵感最初来源于广播思想，广播思想可以提高数据传输的效率。然而，接收器天线覆盖范围内的节点根据实际需要并不都需要接收相同的数据。采用组播思想，接收器可以在同一区域中执行不同的下行链路数据反馈至不同组的节点。例如，假设在仓库中配置多个节点的应用场景，一组的节点需要修复错误代码，一组的节点需要执行节点配置等等，另一组的节点需要执行固件信息切换。利用无线信道的广播特性进行信号传输是提高信息传输速率的良好方法。然而，广播思想不能轻率地应用于接收器和节点之间的下行链路数据反馈。因此，节点需要在遵循现有 EPC C1G2 协议的基础上实现不同组节点的组播式数据反馈分发操作。本章使用商用接收器的过滤器来实现不同组节点的数据反馈。如图 4-4 所示，组播通信方式不仅利用了接收器命令的广播特性，而且实现了对不同组节点的数据分发。这个想法类似于 IP 地址的前缀匹配，不同的组节点可以实现不同组数据的组播分发。

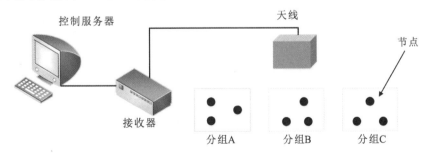

图 4-4　无源节点的组播通信系统组成

4.3.3　评价指标参数估计

1. 充电效率

无源节点不同于传统的简单节点，简单节点只需要收集身份信息而不需要执行复杂操作。有源节点与无源节点的数据反馈分发操作有诸多不同之处。第一，有源节点之间可以彼此通信，有源节点可以用作转发节点或中继节点来完成数据的反馈分发。然而，无源节点之间复杂的通信是不可能的或者需要借助外界接收器之间传递数据才能完成通信，所以本章节不考虑无源节点之间的相互通信。第二，有源节点基本上携带电池等供电设备，这些设备可以驱动节点发送信息和收集信息等，无源节点在接收信息之前，有必要考虑无源节点的电压是否已经达到激活阈值。第三，在有源节点网络中已有链路特征评价指标，对于多个有源节点数据分发，还需要考虑其覆盖的子节点数。但是，对于无源节点而言，只能通过接收器收集的信息来判断节点的链路特征。因此，当接收器向节点执行数据反馈分发操作时，需要考虑节点是否已经达到操作写入电压。此处需要注意的是，不同类型的无源节点具有不同的写入电压，例如 Intel WISP 节点、Umass Moo 节点。反向散射链路和下行链路数据反馈都要求接收器为无源节点持续提供能量。节点不断积累能量并将能量储存在电容器中以达到有效电压。一旦存储的电压能够达到节点操作电压，节点就可以开始接收和发送数据。

节点获取的能量主要来自其天线对接收器发出的电磁波的能量采集。节点通过射频前端收集能量，并最终将能量存储在其电容器中。经典的 Friis 模型用于表示空间长距离模型，如下所示：

$$P_r = G_t G_r P_0 \left(\frac{\lambda}{4\pi d}\right)^2 \tag{4-1}$$

式中，P_r 为接收功率；P_0 为发送功率；G_t 为发送增益；G_r 为接收器的接收增益；λ 为波长。总结的充电模型如图 4-5 所示。

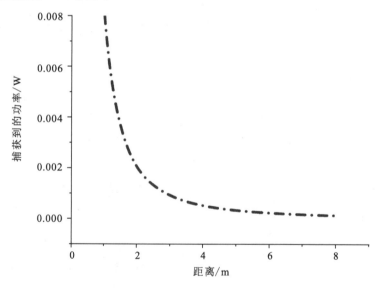

图 4-5　Friis 模型中捕获能量和距离的关系

由于 Friis 传播模型的假设是平面波在远场中传播。然而，对于无源节点而言，接收器和节点之间的通信、充电距离是近场传播通信。因此，本章不能直接利用 Friis 传输模型来计算近场中节点的接收功率。

本章分析接收器对节点的近场充电模型需要在传统的 Friis 模型基础上进行修正。无源节点的充电模型如下所示：

$$P_r = \frac{G_s G_r \eta}{L_p} \left(\frac{\lambda}{4\pi(d+\beta)} \right)^2 P_0 \qquad (4-2)$$

式中，d 为接收器和节点之间的通信距离；P_0 为接收器的发射功率；G_s 为接收器天线的发射增益；G_r 为节点接收天线的接收增益；L_p 为节点天线的极化损失；λ 为载波波长；η 为反射系数；β 为修正参数。根据对 Friis 模型的修正，节点近场通信的充电模型如图 4-6 所示。

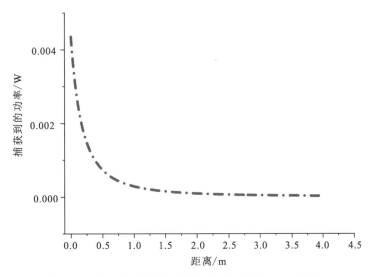

图 4-6　Friis 模型中捕获能量和距离的关系（修正后）

当节点的捕获电压超过激活电压阈值时，可以唤醒节点进行更复杂的操作。节点的电容器充电过程如下：

$$U(t) = U_b + (U_{max} - U_b)(1 - e^{-t/\tau}) \qquad (4-3)$$

式中，t 为充电时间；U_b 为开始时节点存储的起始电压；τ 为 RC 电路的介电常数；U_{max} 为允许达到的最大电压。

在充电一段时间 t 后，节点电容器两端捕获的能量表达如下：

$$E(t) = \frac{C}{2}(U^2(t) - U_{ov}) \qquad (4-4)$$

式中，C 为节点的电容大小；U_{ov} 为节点的操作电压。

在链路特征评价中，本章不仅采用节点的充电模型来分析充电效率，同时将节点的链路质量考虑在内。

2. 链路质量

链路质量是反馈协议中接收器选择合适主节点的关键参数。RSSI 和 RDRate 是影响主节点选择的两个主要因素，本章综合分析 RSSI 和 RDRate 两个因素的影响。RSSI 反映了接收器和节点之间的距离，RSSI 对位置变化敏感。结合式（4-2）分析，接收器与节点之间的距离不仅影响 RSSI 值，而且影响节点充电效率。当节点靠近接收器时，RSSI 值变化不明显，此时，应该结合 RDRate 值考虑，该值表示在一定时间内节点被读取的次数。通过选择具有良好链路特征的主节点来选择判断是否减少传输总任务量，经过多次实验已经表明，选择良好的链路特征的节点作为下行链路数据反馈分发的主节点不会减少下行链路数据分发的任务总量。然而，链路质量却影响节点的充电效率。接收器任意选择节点作为主节点与其通信的方式是不合适的，因为这样可能导致过多的冗余充电，节点如果无法达到复杂操作的电压就无法完成信息感知、计算和传输通信等任务。

3. 链路特征

接收器将链路质量和充电效率结合起来综合评价节点的链路特征。对于节点而言，激活微控制器工作的电压为 1.8 V，激活节点通信传输完整数据帧的阈值电压为 1.9 V，节点处于一个不断充电之后放电至 1.8 V 不断工作的过程。接收器和节点之间的通信距离较近，节点的获能效率较高，在式（4-3）中，选取了 U_{max} 值为 2.5 V 时的工作情况，节点在 1.42 s 内就能够达到维持其各种操作的电压。所以在考虑节点与接收器通信的距离较近的情况下，最小充电时间应当超过 1.42 s。具体的工作过程为，接收器在获取节点信息后对节点进行评估，在满足最小充电时间的同时，首先分析比较节点的读取率，选取读取率最高的节点为主节点。单位时间内节点被读取的次数能说明节点的链路质量。然而，由于接收器和节点通信距离较近，商用接收器观察到的节点读取率很容易相同。因此，在节点读取率相同的情况下，接收器再根据节点的 RSSI 值进一步分析节点链路质量，选取最大值，最终确定链路特征最好的节点为主节点。

4.3.4　数据反馈正确性验证

由于本章设计的协议兼容现有 EPC C1G2 协议，两个信息（EPC 和 Read 命令）可用于检查数据反馈协议写入数据的正确性。安切斯等研究者已证明，当接收器验证数据的准确性时，使用 Read 命令的方法比使用 EPC 验证方法更快。兰斯福德等研究者提出使用 Read 命令有更多的机会来对抗节点的能量中断问题。为了解决这个问题，本章利用链路特性（链路质量和充电效率）来选择合适的主节点。当主节点与接收器通信时，从节点如果激活电压没有达到要求的阈值电压将被充电，如果达到阈值电压则执行监听操作。换句话说，从节点只有在足够电压的情况下才能监听来自接收器的命令，否则从节点就不断地累加自己的能量，以便能够快速地完成节点能量的积累。

4.3.5　节点状态切换

通过最优选择策略，接收器可以根据链接特征选择合适的主节点。在节点收到来自接收器的命令之后，节点如何知道命令是接收器与其握手的命令还是多播数据分发命令？换言之，节点何时和如何改变它们的主从状态？为了解决这个问题，本章采用标志位置的方法。根据 EPC 协议的规定，节点和接收器之间有三个通信安全密钥。一个是来自节点的 RN16 信息，另一个是句柄信息，还有一个是节点自身的密码。节点在接收到接收器发出的命令后，首先检查句柄是否与写入命令中的句柄一致。如果一致，称之为主节点，否则称之为从节点。主节点与接收器保持正常的下行链路数据分发过程。从节点执行监听模式来监听下行链路命令，而忽略主节点和接收器之间的句柄［见图 4-1（b）］。当接收器和主节点数据分发结束时，接收器再对从节点选择下一个作为主节点以维持正常的下行链路数据分发。这样，节点不断地执行状态转换，完成与接收器的通信，实现下行链路数据的反馈分发，具体过程如图 4-7 所示。

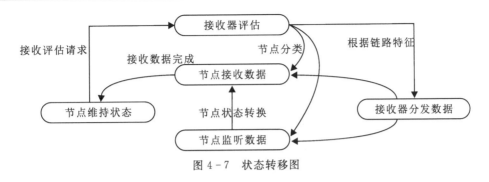

图 4-7 状态转移图

4.3.6 从节点剩余数据的完成

对于从节点的写入操作，实际上它是从从节点到主节点的状态切换。主节点和接收器完成句柄验证并执行数据分发操作。第二个被选择的主节点与第一个被选为的主节点略有不同。对于第一个选择的主节点，接收器执行握手之后执行下行链路数据反馈分发。但是，对于后来被选为的主节点，由于这个节点之前已经被作为从节点，它已经接收了部分下行链路数据。在此，接收器应该首先检查节点中现有数据的正确性。如果下行链路数据不完整，则应执行数据反馈分发操作。对于随后被选为的其他主节点，应该继续执行相应的数据检查和数据写入命令。这样，主节点继续与接收器通信，完成下行链路数据的分发。主节点选择方案降低了节点的充电冗余，主从节点的高效状态转换实现了有效的下行链路数据分发，提高了组节点数据反馈分发的效率。

4.4 实验评估

4.4.1 实验设置

1. 接收器

由于商用接收器易于操作的特点被广泛使用在日常应用中，所以本章使用商用接收器来执行实验操作，将节点的链路特性（链路质量和充电效率）作为评价指标，主节点的链路质量由 RSSI 和 RDRate 共同组成。这两个数值能够从接收器操作软件上直接显示出来。本章使用一个 Impinj SpeedWay R420 接收器进行数据反馈操作。接收器连接了型号为 S9028 PCL Laird 的天线。该天线具有 9 dB 的增益，其尺寸为 10 英寸×10 英寸×1.5 英寸，接收器的发射功率设置为 30 dBm。

2. 无源节点

选取 TB-WISP5 作为实验节点，其工作频率为 902 MHz～928 MHz，其微控制芯片型号为 MSP430FR5959，节点的灵敏度为 −12 dbm，支持较高通信速率 40～640 Kb/s。为了实现节点执行数据反馈实验的最佳性能，将节点的 MCU 时钟设置为 16 MHz，如图 4-8 所示。

图 4-8　TB-WISP5 节点

4.4.2　评价指标

本章所提出的协议将在以下关键评价指标中进行比较，以评估所提出的数据反馈分发协议的有效性。

（1）数据反馈传播时间。多路径效应在不同场景中的干扰是不同的。对于下行数据传输而言，多径效应极大地影响了数据反馈写入的成功率。对于相同大小的数据，不同的场景必然会影响数据分发的速度。通过比较不同环境下协议数据反馈传播时间，评估本章协议数据反馈传播的可行性。

（2）成功率和通信距离。误比特率随着节点与接收器之间距离的增大而增加，实验中比较了成功率和不同的通信距离之间的关系。

4.4.3　实验方法

在真实的实验场景中测试本章提出的协议，如图 4-9 所示，接收器被放置在节点附近，对于所有节点都能收到来自接收器发出的命令。实验设置接收器的天线增益为 9 dB。对于下行数据反馈分发而言，设置了数据包大小为 3 KB 的数据反馈传播。

随机放置接收器和节点，节点的不同位置具有不同的链路特性（即 RSSI、读取节点率和充电效率）。利用三个节点来实现下行链路数据组播式反馈分发。接收器根据节点的链路特性从中选择链路特性最好的作为主节点，以维持与接收器正常的下行链路反馈通信。在本实验中，从节点的数量为 2。这些节点只能监听从接收器传递到主节点的下行链路分发命令，但是它们由于遵循 EPC 协议不能回应接收器即无法干扰接收器与主节点之间的通信。接收器与主节点通信完成后，接收器将再次从从节点中选择链接特性好的节点作为主节点。从节点不断地被选择为主节点，直到节点组中的所有节点完成下行链路数据反馈传输为止。实验记录了数据分布过程并绘制了相应的曲线来评价本协议的性能表现。本章选取了三种场景：室外、楼道、会议室分别对应多径效应弱、中、强三种情况（见图 4-9），在每个测试环境中重复实验 70 次。

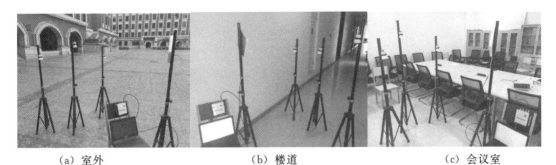

| (a) 室外 | (b) 楼道 | (c) 会议室 |

图 4-9　三种典型场景对应不同多径环境的实验

4.4.4　性能评估

数据反馈分发时间。本实验的目的是测试三种协议在不同环境下对应弱、中、强多径情况下的数据反馈时间。为了进行简单比较，在三种实验场景中，固定三个节点与接收器的通信距离，排除了不同场景下的位置效果。

图 4-10 展示了在对应于多径干扰较低的场景下不同协议的数据分发时间的比较结果。结果表明，本章提出的基于链路特征感知的协议使用组播模式传输和 Stork 协议使用广播模式下行链路数据传输相比于 R^2 传输协议，数据分发时间相对较短。基于链路特征感知的协议和 Stork 协议之间的差距不明显，在开放的环境中，由于节点的链接质量较好，随机选择和基于链接特征的选择之间差别不大。为了更直观地比较三种协议的细微区分，如图 4-11 所示，给出了三种协议在室外环境下数据分发时间的累积分布函数曲线（Cumulative Distribution Function，CDF）。从图中可以看到，基于链路特征感知的协议超过百分之九十的分布时间主要集中在 3.5 s 和 4.8 s 之间。

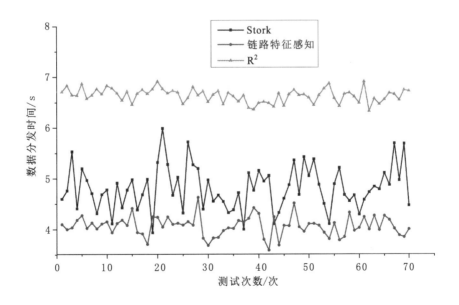

图 4-10　数据分发时间（室外）

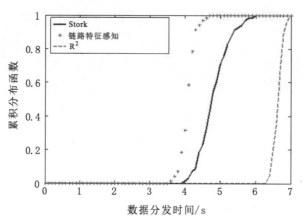

图 4-11   数据分发时间的累积分布函数曲线（室外）

图 4-12 展示了三种数据分发协议在楼道中数据分发时间对比，图 4-13 展示了三种协议在楼道环境中数据分发时间的累积分布函数曲线图。在楼道中的实验场景对应于多径效应适中的场景，相比于空旷环境，多径效应的增加导致了下行数据分发时间的增加。与开放场景相比，走廊场景的传播时间曲线更具有波动性。此外，三个协议之间的传播时间曲线具有多个交叉点，这种现象可以解释为多径效应带来的效果具有两面性。

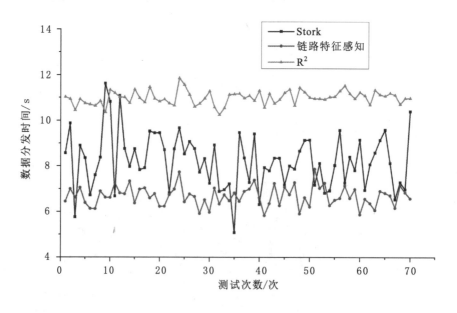

图 4-12   数据分发时间（楼道）

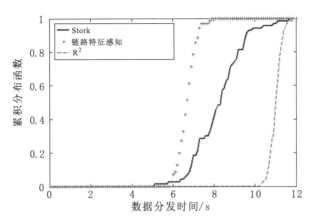

图 4-13　数据分发时间的累积分布函数曲线（楼道）

　　图 4-14 展示出了三种数据分发协议在会议室中数据分发时间的对比，对应于多径效应较强的实验场景。与其他协议相比，基于链路特征感知的数据分发协议能够根据链路特性有策略地选择主节点，其相应的数据分发时间也降低不少。从图 4-14 中能够明显看出，基于链路特性感知协议的数据分发时间曲线抖动比其他两个数据分发协议要小得多，相比于 Stork 协议，基于链路特性感知的数据分发协议减少了 19.96％ 的传输时间（见图 4-15）。

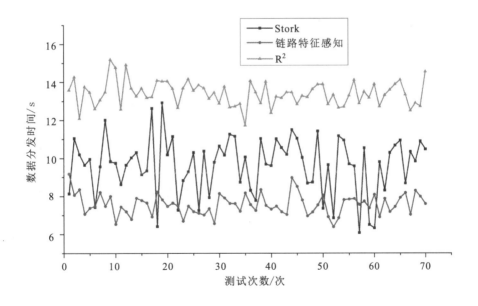

图 4-14　数据分发时间（会议室）

　　成功率和通信距离。为了分析比较三种协议的下行数据分发成功率和通信距离之间的关系。在实验中，固定接收器的位置，取三个节点，不断移动使其不断远离接收器，观察三种协议的数据分发成功率，选择了多径效应适中的楼道环境进行多次实验测试。

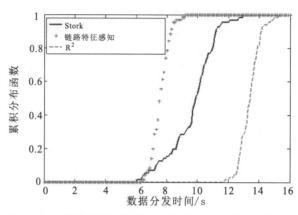

图 4-15　数据分发时间的累积分布函数曲线（会议室）

如图 4-16 所示，实验将读取器和 CRFID 标签之间的距离设置为 0.1～1.5 m。随着距离的增加，R^2 协议的成功率下降非常严重。同时，随着距离的增加，随机选择主标签的方法效率低下。接收器随机选择很有可能选择链路质量较差的节点。数据传播的效率随着通信距离的增加和充电效率的下降而相应减缓。由此可以推断出，接收器应该选择一个具有良好链接特性的节点作为主标签，从而便于接收器正确选择主标签，更快地执行数据反馈分发操作。

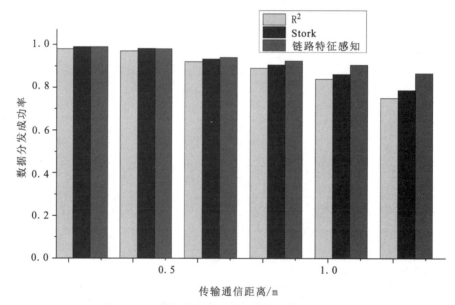

图 4-16　数据分发成功率与传输通信距离的关系

图 4-17、图 4-18 和图 4-19 分别显示了基于链路特征感知的数据分发协议、Stork 协议和 R^2 协议在不同场景的数据分发时间。开放的室外环境下，数据分发时间要低很多。室内的楼道环境数据分发时间居中，会议室在一个狭小的空间中有墙壁，桌椅门窗等多径效应的干扰，会影响接收器对节点数据分发的时间。通过比较这些协议之间的数据分发时间，可以得出基于链路特性感知的数据反馈分发协议的数据波动较小。与 R^2 协议和 Stork 协议相比，基于链路特征感知的数据反馈分发协议具有较短的数据反馈分发传输时间，尤其是在复杂链路质量的情况下。

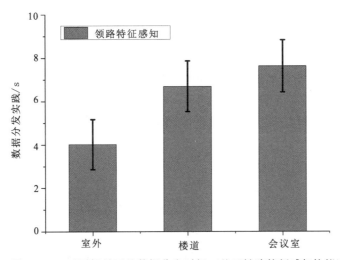

图 4-17　不同场景下的数据分发时间（基于链路特征感知协议）

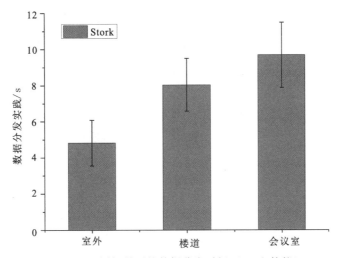

图 4-18　不同场景下的数据分发时间（Stork 协议）

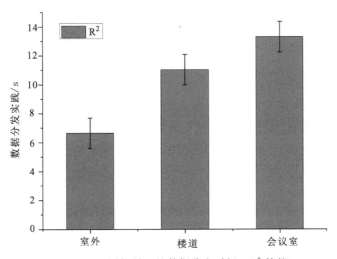

图 4-19　不同场景下的数据分发时间（R^2 协议）

　　实验还测试了单个标签的读取速率和 RSSI 之间的关系。通过比较 RSSI 和多种节点（无源节点、Intel WISP4 节点、TB－WISP5 节点）的读取速率与节点和接收器之间不同距离的关系，结果如图 4－20 所示，节点的 RSSI 值会随着节点与接收器距离的增加发生明显的减小，TB－WISP5 节点依然能保持较高的接收信号强度，选用该节点执行数据反馈操作易于接收器选择主节点维持正常的通信，TB－WISP5 节点相比于其他节点具有较好的读取速率和 RSSI。因此，TB－WISP5 节点可以完成接收器向节点执行下行数据反馈分发的任务。

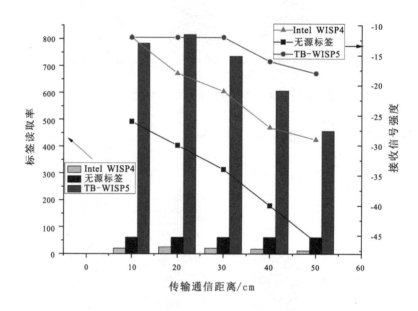

图 4－20　测试不同距离下节点的 RSSI 和标签读取率

本章小结

　　本章研究了无源节点数据反馈分发问题，通过对现有 EPC C1G2 协议深入分析，发现现有协议存在反馈分发效率不高的问题。处于接收器天线覆盖区域中的节点可以听到接收器的命令，但是由于遵循 EPC C1G2 协议无法直接回复接收器。利用此特点和无线信道的广播特性，本章提出了一种基于链路特征感知的无源节点下行数据反馈分发协议，将节点的充电效率和链路质量综合考虑，在兼容现有 EPC C1G2 协议的基础上实现了接收器到多个节点的组播式数据反馈分发，并进行了大量实验以评价所提出协议的性能。实验结果表明，基于链路特征感知的无源节点下行数据反馈分发协议能够提高节点数据分发的效率。

第5章

基于冲突容忍的
有源节点并发数据传输

5.1　引　言

在低功耗物联网无线传输系统中，由于有源节点具有低成本、低功耗和易于部署等优点，大量有源节点被广泛用于环境监测、农业生产监控、智慧医疗和智能交通等领域。由于无线传输具有共享传输信道的特点，无线传输存在着信道干扰和节点之间不适当的信道竞争等问题，有源节点将感知信息通过多跳传输到汇聚节点处，其中所面临的挑战性问题就是如何能够进一步提高系统传输的吞吐量。

一些现有的研究方法旨在提高信道利用率和系统的吞吐量，例如，CoCo 协议能够利用捕获效应来提高节点传输的成功率，该协议实现了多个节点并发传输数据的可能。然而，这些工作集中在有源节点数据传输的单跳网络中，这种协议不能直接扩展到有源节点的多跳数据传输中，如 CitySee 工程中的大规模节点部署。本章提出了一种基于冲突容忍的有源节点并发数据传输方案，其能够应用于大规模部署的有源节点的感知数据多跳传输。

如图 5-1 所示，这种节点分布情况是一个典型的有源节点多跳数据传输的拓扑结构，多个节点将感知数据收集，向上层节点逐级传递，上层节点再向更高层的节点传递数据，这样数据通过多个节点逐级传递，通过多跳的传输方式将感知信息传输到汇聚节点处，也就是图 5-1 中的 0 号节点。

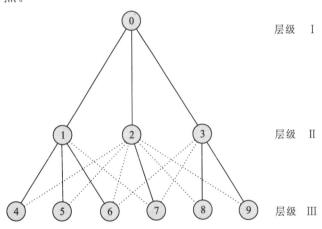

图 5-1　传统数据收集协议结构图

由于无线传输的广播式传输特点，每次无线传输都会影响到接收节点和相邻的发送节点。如果采取传统的汇聚树协议（Collection Tree Protocol，CTP）来进行感知数据的收集，汇聚树协议需要选择最好的路径来进行信息的传递。如果多个节点都选择链路指标最好的路径传递，将会发生信道的拥塞，影响感知信息的收集且多个节点的负载不均衡，从而影响网络中部分节点的使用寿命。多个有源节点都要发送数据至接收节点，在接收节点处会产生信道竞争。如果采用传统的载波侦听多路访问控制协议，当节点在发送数据之前，发送节点会检测信道是否被占用，是否有其他节点正在与接收节点通信，也就是说发送节点通过信道探测的方式来与其他发送节点协商是否能够发送数据至接收节点。发送节点如果探测到信道是空闲的，发送节点会立刻发送数据；如果探测到信道被占用，则会选择退避策略，随机等待一段时间直到下次信道探测。CSMA 协议规定了节点之间的协商机制以降低节点之间的冲突，在大型低功耗物联网无线传输系统中，高密度部署下的节点会存在信道竞争的情况，这种看似降低冲突的方法在实际情况中会降低系统数据收集的效率。

本章的目标是进一步提高信道利用率从而能够提高系统的吞吐量，设计协议的初衷是不仅能够利用捕获效应来提高信道利用率，而且节点之间不需要引入过多的协商机制以避免很高的开销。通过动态地调节并发传输节点的发送概率，尝试去实现并发节点之间更加合理和有效的协商机制。相比 CSMA 协议，本章提出的协议能够控制并发传输节点的概率，从而更好地提高信道利用率。如图 5-2 所示，图中描绘了关于碰撞避免策略和通过调节多个节点并发传输概率的冲突容忍策略，对比后发现，后者拥有更高的信道利用率，单位时间内传输的信息更多。

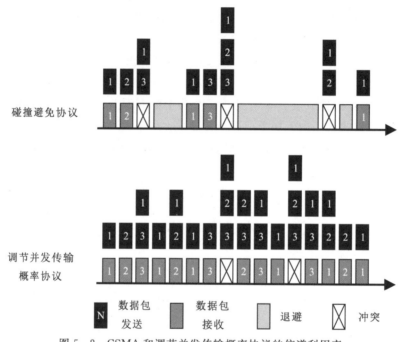

图 5-2 CSMA 和调节并发传输概率协议的信道利用率

在低功耗物联网无线传输系统中，有源节点经过多跳传输方式将感知信息传递至汇聚节点处，传统 CSMA 协议的退避策略影响了系统整体的吞吐量，尤其是在有源节点部署密集的场景中，感知信息传输延迟更大。冲突容忍思想来源于 802.11 无线网络的物理层实现，实现的方法是通过直接序列扩频（Direct Sequence Spread Spectrum，DSSS）调制的方法通过引入冗余来增加信号的抗干扰性。虽然利用冲突容忍具有提高信道利用率的潜力，然而，在实践中需要严格的时间要求。通过调节并发传输节点的发送概率能够减少并发节点之间的竞争，调节并发传输概率的策略不能简单地增加或者减少并发传输概率，最佳的选择是使竞争节点的并发传输概率处于并发优势红利区间，以避免发送节点和接收节点之间频繁地协商或重传。

5.2　有源节点时隙分析与路由指标

5.2.1　时隙分析

低功耗物联网无线传输系统中有源节点数据传输的性能依赖于每一个有源节点能否进行高效率的数据传输。如果多个节点之间通信冲突严重，节点重传次数的增加会严重影响整个网络的数据传输吞吐量，从而影响节点感知数据的实时收集。有源节点通过多跳的传输方式将感知数据传输到汇聚节点处，方便上层节点的数据收集和影响后期的智能决策。分析节点的信道利用率模型有助于了解如何选择多个竞争节点的并发传输概率的红利区间，设定时间被分割成时隙，每个时隙的持续时间足够发送节点和接收节点之间完成一次数据传输。为了简易模型分析，本章设定所有时隙的持续间隔具有相同的长度。

为了寻求有源节点最佳并发传输概率，从理论层面分析信道利用率，此时，设定节点的发送概率为 p。在 802.11 无线通信标准中，对于一个接收节点在一个时隙中有如下三种可能的状态：

（1）成功时隙。在这个时隙中，接收节点成功地接收到至少一个节点发送的数据包，这种时隙状态发生的概率为 P_s。

（2）空闲时隙。在这个时隙中，没有节点选择发送数据，信道处于空闲状态，即时隙空闲，这种时隙状态发生的概率设为 P_i。

（3）冲突时隙。在这个时隙中，多个节点同时发送数据至接收节点处，而且接收节点没有成功接收到一个数据包，这种时隙状态发生的概率为 P_c。

5.2.2　路由指标

在传统的 CTP 协议中，每个节点会维护自己的传输路由表，每个节点会对汇聚节点的预期传输次数（Expected Transmission count，ETX）进行估计，预期传输时间（Expected Transmission Time，ETT）表示在 MAC 层中要成功传输数据包所预期的执行时间，评价了节点的传输延迟，两者之间的关系如下所示：

$$ETT = ETX \times \frac{S}{B} \tag{5-1}$$

式中，S 为节点发送数据包的平均大小；B 为链接带宽。

对于发送节点和接收节点链路上的预期传输次数可由如下公式计算：

$$ETX = \frac{1}{P_f \times P_r} \tag{5-2}$$

式中，P_f 表示发送节点发送数据包成功到达接收节点处的概率；P_r 表示发送节点成功接收到接收节点反馈的 ACK 确认数据包的概率。在数据传输的网络中，一般设定汇聚节点的 ETX 值为 0，对于一个 i 节点的 ETX 值等于 i 节点下一跳 j 节点的 ETX 值再加上 i 节点与 j 节点链路上的 ETX 的值，计算如下：

$$ETX_i = ETX_j + ETX_{i,j} \tag{5-3}$$

式中，ETX_i 是 i 节点的预期传输次数；ETX_j 是 j 节点的预期传输次数；$ETX_{i,j}$ 是 i 节点与 j

节点链路上的预期传输次数。

如果数据传输协议只是根据 ETX 值作为指标的话，则很多节点易于发生通信冲突。很多发送节点会因为某条路径的链路质量更好而都选择这条传输路径，多个发送节点会发送数据至同一个接收节点。这就意味着，多个发送者对于一个接收者会发生通信冲突，当冲突发生时，系统的网络吞吐量是无法保证的。

5.3　数据传输协议设计

5.3.1　协议预览

本章介绍了一个通过调节多个节点的并发传输概率以适用于有源节点数据传输的机制。从宏观角度来看，多个节点同时竞争信道，拓扑结果如图 5-1 所示。从微观角度来看，图 5-3 从时隙的角度分析了协议的工作过程，节点 4、5、6 想要将它们感知到的数据包传输到公共接收节点 1 处。节点 7 希望将数据包发送到节点 2 处。节点 8、9 需要传输它们数据包到节点 3 处。此时，专注于时隙 2 时刻进行分析，节点 7 没有竞争对手，所以节点 7 顺利地将数据包传送给节点 2 处。虽然节点 8 和节点 9 同时传输，但节点之间的竞争程度不高。因此，节点 3 可以接收来自节点 8 和节点 9 其中一个节点的数据包。在下一个时隙 3 时刻，节点 2 将来自节点 7 的数据包发送给节点 1 处。节点 3 接受来自剩余节点 8 的数据包。节点 1 意识到节点 4、5 和 6 同时发送数据产生信道竞争，且多个节点之间竞争程度明显。节点 1 发送调整并发传输概率的信号数据包。发送节点 4、5、6 在接收到调整发送概率数据包后调整并发传输概率。在下一个时隙 4 时刻，节点 0 快速接收来自节点 2 的分组数据。由于节点 4、5、6 降低了并发传输概率，节点 1 可以接收来自三个节点中的其中一个节点，例如，节点 5 的分组数据。节点 3 将来自节点 8、9 的分组数据发送到下一跳传输。在下一个时隙 5 时刻，节点 0 接收来自节点 3 的分组数据。节点 1 接收剩余竞争节点数据，例如，节点 4 的数据。在时隙 6 和 7 时刻，节点 1 接收剩余分组数据并且将它们全部发送到节点 0 处（汇聚节点）。最终，在最后的时隙时刻，节点 0 成功接收来自所有发送节点的数据包。

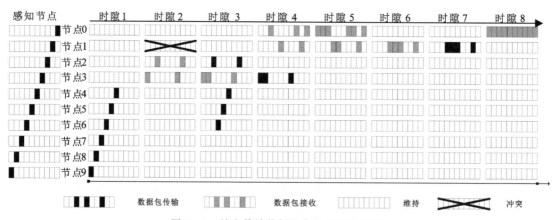

图 5-3　并发传输数据收集协议工作过程

5.3.2　信道利用率模型构建

对于每个接收节点来说，在每个时隙中都有可能是上文提到的三种时隙状态，进一步推断成功时隙发生的概率 P_s、空闲时隙发生的概率 P_i 和冲突时隙发生的概率 P_c 相加和为 1。如果有 N 个发送节点在时隙 τ 中尝试发送数据到接收节点。对于一个接收节点 υ 来说，P_s 发生的概率如下：

$$P_s = \sum_{n=1}^{N} \binom{N}{n} p^n (1-p)^{N-n} C(n) \tag{5-4}$$

在传统的无线传输广播协议中，多数采用的是 802.11 CSMA/CA 协议，该协议采用的是退避等待的策略，不允许多个节点并发传输数据。本章采用冲突容忍的策略，这就需要对发送节点进行时钟同步。对于上式中，N 代表发送节点总的数量个数，$C(n)$ 代表了接收节点捕获的概率，接收节点捕获的成功率也会随着并发传输节点数量的增加而减少，这意味着随着发送节点数量的增加接收节点的发送成功率和捕获成功率都会下降[145]，使用被广泛采纳的捕获模型来进行分析，表达如下：

$$C(n) = \frac{n}{\sqrt{2\pi}\sigma} \int_{-\infty}^{+\infty} \left(\int_{0}^{+\infty} \left[g(\xi, \gamma) \right]^{n-1} f(\gamma) \, d\gamma \right) e^{\frac{-\xi^2}{2\sigma^2}} d\xi \tag{5-5}$$

式中，$g(\xi, \gamma)$ 的表达式如下：

$$g(\xi, \gamma) = \frac{1}{\sqrt{2\pi}\sigma} \int_{-\infty}^{+\infty} \left(\int_{0}^{+\infty} \frac{f(\gamma_1) \, dr_1}{1 + z e^{\xi_1 - \xi \left(\frac{\gamma}{\gamma_1} \right) \beta}} \right) e^{\frac{-\xi_1^2}{2\sigma^2}} d\xi_1 \tag{5-6}$$

在式（5-5）和式（5-6）中，ξ 代表了均值为 0 的高斯变量；σ^2 代表了方差；γ 表示发送节点和接收节点之间的通信距离。

采用同样的分析方法，接收节点处于空闲时隙的概率，表达如下：

$$P_i = (1-p)^N \tag{5-7}$$

显然，冲突时隙的概率表达式如下：

$$P_c = 1 - P_s - P_i \tag{5-8}$$

从理论分析信道利用率模型，表达如下：

$$P^{uti} = \frac{P_s T_s}{P_s T_s + P_i T_{slot} + P_c T_c} \tag{5-9}$$

式中，T_s 为节点成功传输数据包所持续的时间；T_c 为节点冲突的时间，此处需要注意的是，在本章的设计中利用了传输同步去实现数据包的对齐，所以 T_s 等于 T_c。但是，在实际情况中很难决定 T_c 的持续时间，所以利用了上界值（最大尺寸帧的冲突持续时间）。T_{slot} 的定义来自 802.11 a/b/g/n 的标准，这个值可以从流量的测量中获得，可以假设该值等于实际使用最大帧，在以太网中，1500 B 为最大传输单元（Maximum Transmission Unit，MTU）。

5.3.3　最大化信道利用率

由于信道利用率是关于 p 和 N 的函数，使用 P^{opt} 作为信道利用 P^{uti} 的最大值，P^{opt} 表达式如下：

$$P^{\mathrm{opt}} = \mathrm{argmax} P^{\mathrm{uti}} \qquad (5-10)$$

实际上，因为冲突时隙持续的时间肯定多于空闲时隙，空闲时隙持续的时间可能小于成功时隙持续的时间，所以 T_s、T_c 和 T_{slot} 的持续时间不同。为了简化分析，由于这种差异不会影响分析概率的结果，则认为它们的持续时间相同。设定 P_t 为传统方法的传输概率，这个值与竞争窗口（Contention Window，CW）持续的时间有关，发送节点数量不同，竞争窗口持续时间不同（见表 5-1）。因此，P_t 的表达式如下[149]：

$$P_t(\mathrm{CW}) = \frac{2}{\mathrm{CW}+1} \qquad (5-11)$$

表 5-1　竞争窗口值随节点数量从 1 到 20 的变化

并发节点数量	竞争窗口值	并发节点数量	竞争窗口值
1	0.00	11	135.70
2	24.70	12	148.00
3	37.00	13	160.30
4	49.30	14	172.70
5	61.70	15	185.00
6	74.00	16	197.30
7	86.30	17	209.70
8	98.70	18	222.00
9	111.00	19	234.30
10	123.30	20	246.70

5.3.4　并发节点红利区间

转发节点动态地调整发送节点的并发传输概率，转发节点在发送或接收两个状态之间不断切换。在传统的数据收集协议中，当接收节点检测到信道中有多个竞争节点，竞争信道产生通信冲突时，多个发送节点会选择退避。由于发送节点选择了简单退避原则，系统的信道利用率降低，整个网络的延迟增加。本章协议的设计思想来源如下：接收节点根据多个发送节点竞争信道的数量即发送节点的信道竞争程度来调整并发传输的概率。例如，多个发送节点竞争信道并发传输信息至接收节点处，多个节点竞争信道导致通信冲突，数据包传输失败。采取适度的冲突容忍机制能够更好地提高信道利用率，将发送节点的数量调整到适用于最优并发传输的最佳间隔，此处称为红利区间（见图 5-4），并发传输节点数量的红利区间范围是 2～4 这个区间。当网络拥塞发生时，接收节点将通过调整并发传输概率允许发送节点并发传输数据，使并发传输的节点数量处于红利区间。利用红利区间的优势，可以减少节点之间的碰撞和退避的等待时间，进而可以减少系统网络数据传输时延，提高系统的信道利用率。

物理层的数据帧结构由同步头，物理帧头和物理层负荷三个部分组成。同步头是由前导码和数据包帧起始分隔符（Start-of-Frame Delimiter，SFD）构成的，物理帧头用来表示帧的长度，物理层负荷表示物理层业务的数据单元，也就是 MAC 帧。对于 MAC 帧的规定包括四种：信标帧、数据帧、确认帧和命令帧。本章设计的机制是在 ACK 机制的基础上建立起来的。发送节点通过检测预期接收节点的 ACK 确认信号来发送数据而不像一般协议所采用的随机发送数据的机制。节点在接收到相同的 ACK 期间，SFD 的上升沿和下降沿严格对齐所有发送节点。当多个发送节点发送数据时，可由同一个 ACK 触发，它们的接收过程由 SFD 中断同步。发送节点响应 SFD 下降沿中断时才发生偏移；而且这个延迟非常小。利用这个原理，具有相同接收节点的发送节点能够以有限的偏移传输各自的分组数据。当采用时间同步的方法时，就需要引入隐藏终端的问题，利用 ACK 触发发送节点来发送数据有益于解决隐藏终端的问题。在真实的有源节点多跳数据传输网络中，当节点之间不发生通信冲突时，节点会逐层传输将感知数据向上传输至汇聚节点处，当节点之间产生了通信冲突，接收节点会动态地调整发送节点的并发传输概率。为了较好地利用节点并发传输概率的红利区间，接收节点通过计算竞争节点的数量来动态地调整竞争节点的传输概率，实现了控制并发节点的数量，减少了竞争节点之间的过度协商，提高了信道利用率。

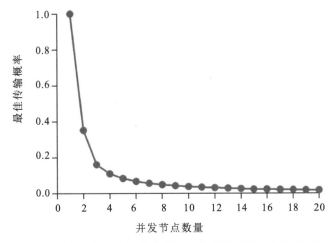

图 5 - 4　随着发送节点数量的增加，最佳传输概率的值显著降低。

　　如表 5 - 2 所示，表中展示了节点的最佳发送概率和发送节点数量的关系。假设每个发送节点发送一个数据包，当发送节点的数量 N 为 1 时，最佳发送概率 P^{opt} 为 1，也就是 100%，当发送节点的数量 N 超过 4 时，最佳发送概率 P^{opt} 不足 0.11。发送节点发送 10 次数据包，接收节点都不一定能成功接收数据包，这也就意味着发送节点很难将数据包成功发送至接收节点处，频繁的重传机制对于整体系统而言，不仅仅是节点能量的浪费和网络寿命的下降，而且还会进一步带来感知信息传输时延增大的问题。

　　随着发送节点数量的增加，最佳发送概率 P^{opt} 明显下降，当节点数量为 2～3 这个区间时，最佳发送概率 P^{opt} 还维持着不错的数值，本章想要控制并发传输节点数量处于这种红利区间内。当节点数量为 4～7 时，最佳发送概率开始呈现下降趋势，处于这一区间的发送节点之间的竞争程度激烈，产生了较严重的通信冲突。当发送节点的数量为 8～14 时，最佳发送概率继续减小，网络拥塞持续增加，信道利用率明显降低，系统传输时延增大。当节点的数量超过 14 时，最佳发送概率收敛到一个固定的值，通信冲突严重，感知信息很难传输至接收节点处。

表 5-2   最佳发送概率随节点数量从 1 到 20 的变化

并发节点数量	最佳发送概率	并发节点数量	最佳发送概率
1	1	11	0.0351
2	0.3533	12	0.0320
3	0.1621	13	0.0294
4	0.1105	14	0.0272
5	0.0843	15	0.0253
6	0.0683	16	0.0237
7	0.0574	17	0.0222
8	0.0495	18	0.0209
9	0.0436	19	0.0198
10	0.0389	20	0.0188

当接收节点检测发送节点之间是否存在信道竞争时，如果发送节点之间没有产生信道竞争，接收节点能够成功接收来自发送节点的数据；如果发送节点之间彼此竞争信道，接收节点会计算竞争信道的节点个数发送并发传输概率控制信息。当竞争节点个数为 2～3 时，接收节点调整发送节点的并发传输概率至相应的值。设定这个间隔数量为 2～3，4～7 和其他数量。接收节点通过调节发送节点的并发传输概率来使并发节点的数量处于红利区间，在实现并行传输的基础上，降低发送节点之间的信道竞争。这种看似简单的调节方法，对于低功耗物联网无线传输系统中的有源节点来说，能够快速找到适用于并发传输数据的最佳红利区间的传输概率，能够实现快速地调节有源节点的并发传输概率和提高信道利用率。

如图 5-5 所示，接收节点的接收率会随着发送节点的数量增加而减少。当发送节点的数量为 1～3 时，接收节点能够维持较高的接收率。当发送节点的数量超过 7 时，接收节点的平均接收率接近 0。这也就意味着发送节点之间竞争程度激烈，节点之间都不愿意退避等待产生了恶性竞争。这就导致发送节点无法将感知信息传输到接收节点处，信道利用率下降，整个传输系统的网络延迟增加，信息拥塞严重。

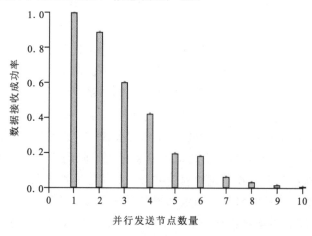

图 5-5   接收率随节点数量的变化

5.4　实验评估

5.4.1　多跳实验

本节通过仿真软件 MATLAB 去仿真本章提到的动态调整有源节点并行传输概率的协议性能。通过多种仿真验证了有源节点在多跳和单跳拓扑结构中对于冲突容忍策略实施的有效性，并且通过仿真测试进一步对本章提出的协议做出分析和评价。

实验选取了 10 个节点（编号分别从 0 号到 9 号）网络拓扑图［见图 5 - 6（a）］，来仿真真实环境下有源节点的数据收集。图 5 - 6（d）表示第三层数据传递到第二层。第二层数据再传递到第一层。节点 4～9 周期性地向节点 1、2、3 发送分组数据。节点 1、2、3 分别接收各自对应节点的分组数据。0 节点是汇聚节点，所有有源节点的感知数据最终都传递到节点 0 处。

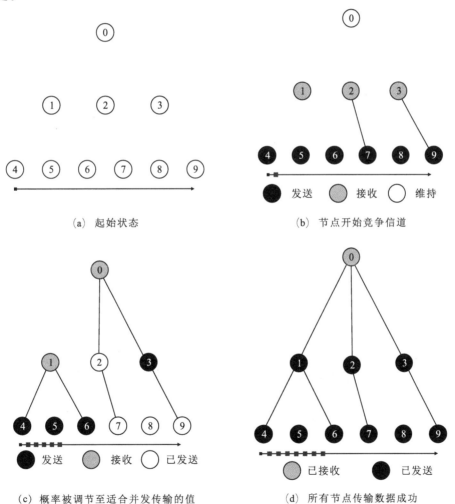

图 5 - 6　节点传输数据过程

为了便于观察，在每个节点数据传输图中都加入了模拟时隙。发送节点 4、5、6 将感知数据发送至节点 1 处，多个节点发送数据至同一个接收者就会发生通信冲突。节点 2 和节点 3 各自信道质量良好，可以顺利接收来自发送节点的数据。节点 1 检测到节点 4、节点 5 和节点 6 之间竞争严重，彼此成为竞争者。接收节点探测到发送节点有冲突产生，发送调整信号至发送节点处，调整发送节点的并发传输概率为竞争节点数量所对应的红利区间，以降低并发传输的概率。其他发送节点没有产生信道竞争，能够顺利地将感知数据传递到上层节点处 ［见图 5－6（b）］。节点 3 接收到来自发送节点 8 和节点 9 的数据之后，立即将感知数据传输到下一层。这样做的优点是通过节点在发送状态和接收状态的自然切换，将发送节点发送信息的时刻拉开差距，减少了节点之间的竞争。如图 5－6（c）所示，节点 4、5、6 完成了发送概率的调整后，节点可以以较小的概率发送分组数据至接收节点。

当发送节点降低了并发传输概率后，节点之间的竞争程度减少，这些节点将数据包有效地传递到接收节点处。最终，每个节点通过减少并发传输概率，有序地将感知数据传输到汇聚节点处，完成了感知信息的收集。如果竞争节点的并发传输概率降低了，节点之间的冲突就会减少，进而整个网络的信道利用率得以提高，系统中局部节点之间的微小变化带来了整体网络的传输优化，感知信息收集的时延得以进一步减少。

5.4.2　单跳实验

为了方便分析，实验进一步从单层节点传输来分析，选择 2～3 个竞争节点进行仿真验证。如图 5－5 所示，当仅存在单个发送节点发送数据时，接收节点接收数据的概率为 100%。当发送节点的数量为 2 时，接收节点接收数据的概率高于 88.76%，此时，接收节点拥有良好的接收率。

实验聚焦于两个发送节点发送感知数据至一个接收节点的情景，两个发送节点不代表两个竞争节点在同时竞争信道。在此情景下，有两种情况：一种情况是节点顺次发送数据，节点之间不产生竞争；另一种情况是两个节点同步发送数据至接收节点，节点之间产生竞争。上文已经提到，当单个发送节点发送数据，接收节点的接收率近乎能够达到 100%。仿真验证进行了 500 次实验，随机选取了 100 个数据进行统计，结果如图 5－7 所示。

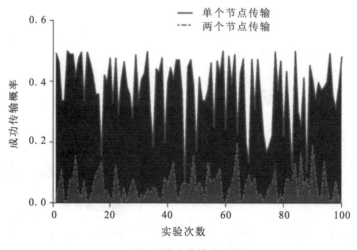

(a) 两节点传输成功概率

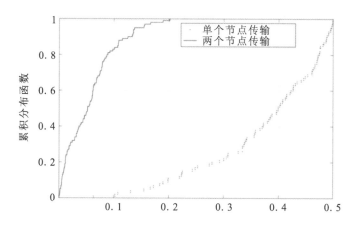

（b）两节点传输成功概率的累计分布函数图

图 5 - 7　两节点并发传输的成功概率

从图 5 - 7（a）中可以观察到，两种情况差异非常明显。虽然两个节点并发传输的情况在局部传输成功率高于单节点顺次发送的情况，但是节点顺次发送的整体表现优于两个节点并行发送数据的情况。从图 5 - 7（b）中可以看到两个节点并发传输的概率分布，节点逐个发送数据包是一个很好的状态，节点传输成功的概率集中在 0.45 附近。

接下来分析三个发送节点发送感知数据至一个接收节点的情景，在这种情景下，有三种情况：一种情况是节点顺次发送数据，节点之间不产生竞争；另一种情况是三个节点中有两个节点并发传输数据至接收节点，节点之间产生竞争；最后一种情况是三个节点并发传输数据。如图 5 - 5 所示，接收节点的接收率会随着发送节点数量的增加而减少。同样，仿真验证进行了 500 次，随机选取了 100 个数据进行统计，结果如图 5 - 8 所示。

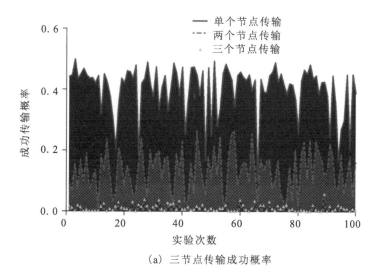

（a）三节点传输成功概率

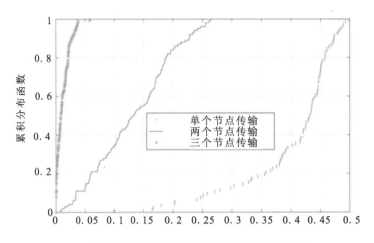

（b）三节点传输成功概率的累计分布函数图

图 5-8　三节点并发传输的成功概率

从图 5-8（a）中可以观察到，单节点顺次发送的成功率高于两节点并行传输，两节点并行传输的成功率高于三节点并发传输。由图 5-8（b）的描绘可知不同节点数目并行发送的成功率差异非常大。节点顺次传输的增长速率明显慢于其他情况，处于一种缓慢增长的状态，这意味着节点顺次传输的概率分布均匀。当三个节点并行发送数据时，接收节点的数据接收成功率明显下降。

为了验证是否有必要采用并发传输策略来提高有源节点传输成功率，同样，进行了 500 次实验，随机选取 100 次实验数据进行统计。三个发送节点发送数据到接收节点，并发传输的仿真结果如图 5-9 所示，对理论值和传统协议之间进行了比较。利用冲突容忍思想的并发数据传输协议的数据传输成功率的波动不超过 9.97%，有源节点能够更多地利用捕获效应，提高信道利用率。传统的数据收集方法对于多节点竞争信道采取的策略是退避等待，过多的退避导致网络拥塞增加，系统传输时延增大，网络的信道利用率难以保证。

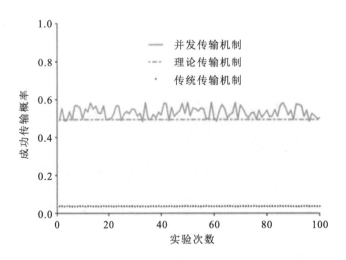

图 5-9　三节点传输平均成功概率对比

本章小结

本章分析了无线传输信道利用率理论模型，并进行了相应的实验，结果证明了本章提出的基于冲突容忍的有源节点并发数据传输的可行性和优越性。该机制能够动态地调整竞争节点的并发传输概率，通过计算发送节点的数量，调整发送节点的并发概率到适当的红利区间来减少节点之间的竞争。理论分析和实验仿真表明，本章提出的机制能够有效地解决有源节点多跳数据传输通信冲突，有效地提高了无线传输系统中有源节点数据传输的信道利用率。

第 6 章

基于视频帧映射自适应机制的有源Mesh节点数据传输

6.1　引　言

　　无线 Mesh 网络相比于一般传统的因特网接入无线局域网（Wireless Local Area Network，WLAN）具有快速部署、远距传输、强健壮性、高灵活性等优点。同时，大规模无线 Mesh 网络技术的快速发展，被广泛应用到交通管理、治安监管、多媒体传输、视频监控等诸多领域。相比于传统的 WLAN，Mesh 网络由一定数量的 Mesh 节点搭建而成，它们能够在复杂危险环境中迅速展开，并通过无线自组网，不受现有有线网络基础设施限制。Mesh 节点既可以作为接入点（Access Point，AP），又可作为路由器，多媒体数据通过无线多跳的方式传播。无线 Mesh 网络使人们在不受时间和环境条件的限制下实时获取大量多媒体数据，并可以为这些数据提供廉价、可靠、便捷的传播。目前已经有大量研究工作致力于如何提高无线 Mesh 网络中多媒体数据的传输性能。移动多媒体通信因为动态环境会导致链路脆弱，丢包率高。为了传输多媒体数据，我们需要高带宽和严格的延迟限制。因此，有必要提出一种特殊的机制来保证多媒体传输。为了满足不断变化的要求，IEEE802 工作组发布了专门用于保障服务质量的扩展协议 IEEE802.11e，相对于 802.11 协议，802.11e 定义了混合的协调功能（Hybrid Coordination Function，HCF）机制，提出了增强分布式信道接入（Enhanced Distributed Channel Access，EDCA）和混合控制信道接入（Hybrid Controlled Channel Access，HCCA）两种新的介质访问模式，对所有业务分为 4 个类别和 8 个数据流，分别给予不同的优先级，每个类别分别有一种不同的参数。EDCA 机制提供了不同优先级的质量服务（Quality Of Service，QOS），HCCA 机制提供了参数化的 QoS。在无线 Mesh 网络中，EDCA 机制的实现更为简单，且实现了服务的区别对待。EDCA 机制引入了四种不同的接入类（Access Category，AC），从优先级高到低可分为 AC（3）、AC（2）、AC（1）、AC（0）。每个 AC 都有自己的 EDCA 参数，优先级越高的 AC 具有更高的机会传输数据，然而大多数研究方向都是在无线 Mesh 网络中如何更好地调节 EDCA 参数来提高视频的传输质量，并没有把视频帧编码技术考虑在内。在 802.11e 中，EDCA 机制将所有的视频帧都赋予第二优先级，在 AC（2）中传递。当大量的视频流在 AC（2）中传输时，难免会出现拥塞，因此相应数据包包尾的视频帧就会被丢弃，本章设计的基于拥塞避免机制就解决了多媒体传输的挑战，其具有较高的峰值信噪比（PSNR），提高了多媒体传输的质量。在视频分级编码技术中，视频帧种类按重要性从高到低分为 I 帧、P 帧、B 帧。I 帧是最重要的视频帧，不需依靠 P 帧和 B 帧就可以解码。P 帧需要先前的 I 帧和 P 帧才能进行成功解码。B 帧解码必须同时要求相对应 I 帧和 P 帧的存在。那么如果 I 帧不能成功解码，P 帧和 B 帧将不能相应解码。在接收端解码时，最重要的帧对视频质量的贡献更大。此外，如果不能正确接收重要帧，基于重要参考帧解码的其他帧将不能正确解码。这将导致在接收机重建视频图像时图像失真或马赛克。由于每一帧的功能在接收端的视频质量上是不同的，所以给每一帧赋予不同的优先级会是一个更好的方法。在 H.264 编码中，通常将整个的视频流数据分为一系列的单元，称为组图片（group of pictures，GOP），GOP 用 $G(N，M)$ 来表示，其中 N 表示两个连续 I 帧之间的距离，M 表示 I 帧和距离其最近的 P 帧之间的距离。如图 6-1 所示，$G(10，3)$ 代表 IBBPBBPBBP。如果在无线 Mesh 网络多媒体视频传输中对于三个帧的优先级和其他 AC 的状态不予考虑，简单地分配到 AC（2）中传输，这样对视频传输的画面和视频服务质量是不能保障的。鉴于此，本章提供一种新型的基于 Mesh 网络视频传输 IPB 帧的映射机制。该方法和传统映射机制方法不同，它采取了自适应 AC 的解决方案，通过对 AC（2）上下层的 AC（3）和 AC（1）的数据流量拥塞程度进行判断，以及了解实时的状态信息，依据这些信息来调用自适应映射 IPB 帧机制，分配不同的视频帧进入不同的 AC 进行传输，从而提高了视频传输的服务质量。

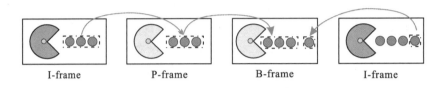

I-frame   P-frame   B-frame   I-frame

图 6 - 1 I，P，B 视频帧视觉描述

6.2 研究背景与挑战

6.2.1 研究背景

根据分层编码技术的帧结构，视频压缩中使用的帧有三种类型：I-frame、P-frame 和 B-frame。I-frame 是指内部编码的图片，编码时不参考除图片本身以外的任何帧。P-frame 表示预测图像，只保存部分图像信息，因此比 I 帧需要更少的存储空间，从而提高了视频压缩率。B-frame 表示双预测图，它使用之前的 I 帧和 P 帧就可以解码（见图 6 - 1）。因此，它们从高到低的重要性显然是 I-frame ＞ P-frame ＞ B-frame。802.11e 定义了 4 台不同传输优先级的 AC。为了提供更好的 QoS 和低时延，将语音流量分配给第一优先级的 AC（3），将视频流量分配给第二优先级的 AC（2）。标准 IEEE 802.11e 中 EDCA 的参数如表 6 - 1 所示，视频和语音的每个队列传输的信息都具有独立的信道接入参数，包括：最大竞争用窗口（CWmax）、最小竞争用窗口（CWmin）、连续传输限制（TXOPlimit）、仲裁帧间空间数（AIFSN）。其中一个 AC 的 CWmin、CWmax 或 AIFSN 值越小，该 AC 接入无线媒体的机会就越大，等待时间也就越短。然而，该机制提高了视频和语音的质量，但并没有产生最佳的效果。IEEE802.11e EDCA 这种机制的缺点是，当视频和语音包增加，队列被填满时，不可避免地会发生丢包。当各种实时报文映射到 AC（2）中时，这种机制的调整能力不是很好。一些重要视频数据包的丢失会导致重构图像质量大幅下降，甚至导致解码器的去同步。而且，这样的结果可能会导致视频和语音恢复失败。

表 6 - 1 IEEE 802. 11e EDCA 参数

优先级	接入类	最小竞争用窗口	最大竞争用窗口	连续传输限制
3	AC_{voice}	7	15	3.264 ms
2	AC_{voice}	15	31	6.016 ms
1	AC_{voice}	31	1023	0
0	AC_{voice}	31	1023	0

6.2.2　实际挑战

1. 无线信道的挑战

与多媒体传输面临的其他挑战相比，最重要的挑战是无线信道的影响，无线信号是各种网格的电波，大部分是定向天线通过开放空间产生的。然而，无线信号经常会出现阴影和多径衰落，从而降低了 QoS，增加了数据包错误率。当拥塞发生时，总体的数据包丢失是随机的。因此，许多协议通常会重新传输丢弃的数据包，直到下一个节点成功接收。

2. 多跳挑战

节点之间的端到端路径通常包含多个跳点。此外，流媒体视频对带宽的要求也很高。由于所有网格节点以相同的频率传输，因此每个节点的范围是竞争信道访问的。虽然单通道 WMN 很难完全消除流内争用，但不同流的多跳路径空间分离可以明显减少视频流间拥塞。

3. 丢包和时延抖动问题

无线网络实时多媒体传输中出现丢包现象有两个原因。首先，发送端经常将丢弃的数据包重传到下一个节点，以提高 802.11 协议的可靠性。其次，每一个实时视频包都有一个截止日期。延迟到达的数据包被认为是丢弃或丢失的。分组丢失会导致重构视频失真，降低视频质量。

4. 自动组网挑战

与其他无线传输技术相比，只要有一个 Mesh 节点接入网络，系统就可以自动识别该节点为主节点。系统向主节点发送配置数据包。当其他节点进入网络后，其他节点可以与主节点通信。多个节点依次连接形成一个多跳网络，自动形成网状网络。然而，节点自组织网络不需要人员配置，且部分节点传输距离较远，这对低时延的视频传输要求构成了挑战。

5. 节点部署成本和覆盖挑战

据我们所知，网格节点比无线传感器节点更昂贵。移动自组网中网格节点的覆盖范围为 500 m。根据工程经验，采用网格节点覆盖率 80%，即实际覆盖率为 400 m。在考虑部署成本的前提下，如何提高 Mesh 网络的覆盖度是一个挑战。

6.3　冲突避免机制设计

为了提高 Mesh 网络多媒体视频传输的画面和服务质量，人们提供了一种基于 Mesh 网络视频传输 IPB 帧的映射机制的实现方法，其特征为，Mesh 节点快速判断相邻 AC（3）、AC（1）是否拥挤，并能够实时地对大规模无线 Mesh 网络传输视频 IPB 帧映射机制进行快速调节。同时该方法对于网络的动态性和新接入点的加入具有良好的适应能力。本机制不需要对现有 Mesh 网络系统的物理硬件进行改进，不会对系统的正常运行产生额外的负担。因此能够胜任在实际部署的系统中长期提供高效的 Mesh 网络多媒体视频传输任务。该方法包括以下步骤：

（1）判断视频帧的类型。当无线 Mesh 节点接收到多媒体视频帧时，需要对视频帧的类型做出判断，由于 I 帧、P 帧、B 帧的重要性不同，就需要根据其不同的重要性选择 AC。

AC 按照优先级从高到低，具体可分为，AC（3）、AC（2）、AC（1）、AC（0）。优先级越高，发送的优先权越大。

（2）如果检测到传输视频帧类型为 I 帧，根据 AC（3）的拥塞程度，考虑是否会被分配到 AC（3）中进行传输。如果 AC（3）中数据流拥塞，则被分配到 AC（2）中进行传输。

（3）如果检测到传输视频帧类型为 P 帧，根据 AC（3）的拥塞程度，考虑是否被分配到 AC（3）中进行传输。如果 AC（3）中数据流拥塞，那么传输优先级会降低，被分配到 AC（2）中进行传输。如果 AC（2）中数据流拥塞，为了保证 I 帧在 AC（2）中传输的速率，则 P 帧传输优先级会继续降低，被分配到 AC（1）中进行传输。

（4）如果检测到传输视频帧类型为 B 帧，Mesh 节点会根据此时 AC（2）中的拥塞程度，考虑 B 帧是否能在 AC（2）中传递，还是优先级降低分配至 AC（1）中进行传输。

这种基于 Mesh 网络视频传输 IPB 帧的映射机制，能够实时地在 Mesh 网络的多跳传输中，根据 AC 的流量状态，调节 IPB 帧的映射机制，对数据量大的多媒体视频传输提供了可靠的服务质量。

下面结合附图和实施案例对本机制做进一步说明。

根据图 6-2 所示，有源 Mesh 节点网络视频传输 IPB 帧的映射机制的实现方法包括以下步骤。

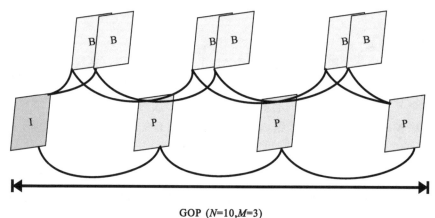

GOP（*N*=10,*M*=3）

图 6-2　组图片结构 GOP（10，3）

（1）判断视频帧的类型。在无线 Mesh 网络视频传输中，多媒体视频流会根据多跳选择自己合适的路径，当 Mesh 节点接收到上一个节点传输过来的视频数据时，首先要对视频帧的类型做出判断，是 I 帧，还是 P 帧或 B 帧。在本系统中，根据视频的特点把几帧图像分为一组 GOP，也就是一个序列，为防止运动变化，帧数不宜取多，一般 10 帧或 12 帧为一组。

（2）如果检测到传输视频帧类型为 I 帧，Mesh 节点根据 AC（3）中拥塞程度，考虑是否分配 I 帧至 AC（3）中进行传输，如果 AC（3）中拥塞，则分配 I 帧到 AC（2）中进行传输。为了充分利用无限网络的带宽资源，尽可能地将 I 帧映射分配到 AC（3）中，以使关键帧 I 帧能更快更准确地传输。然而，在 802.11e 机制中，AC（3）是被分配用于传输语音数据流的，不能简单地直接将 I 帧映射分配到 AC（3）中，需要考虑 AC（3）中语音数据流是否拥挤。AC（3）中数据流若是拥挤，本映射机制就会将 I 帧映射到 AC（2）中传输。P_I 被定义为 I 帧传递的概率。

$$P_\mathrm{I} \rightarrow \mathrm{AC}\,(3) = \max\left\{\frac{\text{quelen}\,(\mathrm{I})}{\text{max\_AC}\,(2)} \times \frac{\text{max\_AC}\,(3) - \text{quelen}\,(\text{voice})}{\text{max\_AC}\,(3)},\ 0\right\} \quad (6-1)$$

式中，max_AC（2）代表了 AC（2）中允许的最大序列长度；max_AC（3）代表了 AC（3）中允许的最大序列长度；quelen（I）代表了 I 帧的数据大小；quelen（voice）代表了语音信号的数据大小。当 max_AC（3）− quelen（voice）≤0 时，$P_\mathrm{I} \rightarrow \mathrm{AC}$（3）的值为 0。

因为考虑到视频帧 I 帧在视频解码时的重要性，所以本视频传输映射机制只将 I 帧映射到 AC（3）和 AC（2）中。

$$P_\mathrm{I} \rightarrow \mathrm{AC}\,(2) = 1 - \left[\,P_\mathrm{I} \rightarrow \mathrm{AC}\,(3)\,\right] \quad (6-2)$$

（3）如果检测到传输视频帧类型为 P 帧，Mesh 节点会根据此时 AC（3）中的拥塞程度，考虑是否将 P 帧分配到 AC（3）中进行传输。此时，有可能 I 帧已被分配至 AC（3）中进行传输，需要将 I 帧的数据包大小考虑在内。P_P 被定义为 P 帧传递的概率。

$$P_\mathrm{P} \rightarrow \mathrm{AC}\,(3) = \max\left\{\frac{\text{quelen}\,(\mathrm{P})}{\text{max\_AC}\,(2)} \times \frac{\text{max\_AC}\,(3) - \text{quelen}\,(\text{voice}) - \text{quelen}\,(\mathrm{I})}{\text{max\_AC}\,(3)},\ 0\right\} \quad (6-3)$$

式中，quelen（P）为 P 帧的数据大小，如果 max_AC(3) − quelen(voice) − quelen(I) ≤ 0，那么，$P_\mathrm{P} \rightarrow \mathrm{AC}(3)$ 的值为 0，P 帧将会被分配到 AC（2）中进行传输。如果 AC（2）中拥塞，意味着有 I 帧在 AC（2）中进行传递，考虑到 P 帧的重要性小于 I 帧的重要性，P 帧则会被分配到 AC（1）中进行传输。

$$P_\mathrm{P} \rightarrow \mathrm{AC}\,(1) = \max\left\{\frac{\text{quelen}\,(\mathrm{P})}{\text{max\_AC}\,(2)} \times \frac{\text{max\_AC}\,(1) - \text{quelen}\,(\mathrm{B}) - \text{quelen}\,(\mathrm{AC}\,(1)\,)}{\text{max\_AC}\,(1)},\ 0\right\} \quad (6-4)$$

式中，quelen（B）为 B 帧的数据大小；quelen（AC（1））为 AC（1）中自己的非及时流数据大小。此时，P 帧被分配到 AC（1）中，B 帧重要性不如 P 帧，B 帧同样只能被分配至 AC（1）中进行传递。此时，在 AC（1）中有三种数据流：P 帧数据、B 帧数据、AC（1）中自己的非及时流数据。

因为考虑到视频帧 P 帧在视频解码时的次重要性，所以本视频传输映射机制只将 I 帧映射到 AC（3）、AC（2）和 AC（1）中。

$$P_\mathrm{P} \rightarrow \mathrm{AC}\,(2) = 1 - \left[\,P_\mathrm{P} \rightarrow \mathrm{AC}\,(3)\,\right] - \left[\,P_\mathrm{P} \rightarrow \mathrm{AC}\,(1)\,\right] \quad (6-5)$$

（4）如果检测到传输视频帧类型为 B 帧，Mesh 节点会根据此时 AC（2）中的拥塞程度，分配 B 帧是否在 AC（2）传递，还是被分配至 AC（1）中进行传输。从图 6-3 中可以看到，本系统的 GOP 包含有 1 个 I 帧，$\dfrac{N-1}{M}$ 个 P 帧，$(N-1) \times \dfrac{M-1}{M}$ 个 B 帧。当 P 帧和 B 帧同时在 AC（1）中传递时，P 帧和 B 帧的概率之间存在 $\dfrac{1}{M-1}$ 的关系。但是当 P 帧和 B 帧不在同 AC 中时，此关系不存在。P_B 被定义为 B 帧传递的概率。

$$P_\mathrm{B} \rightarrow AC(1) = (M-1) \times \left[P_\mathrm{P} \rightarrow \mathrm{AC}\,(1)\right] \quad (6-6)$$

因为考虑到视频帧 B 帧在视频解码时的重要性最低，所以本视频传输映射机制只将 B 帧映射到 AC（2）和 AC（1）中。

$$P_\mathrm{B} \rightarrow AC(2) = 1 - \left[P_\mathrm{B} \rightarrow \mathrm{AC}(1)\right] \quad (6-7)$$

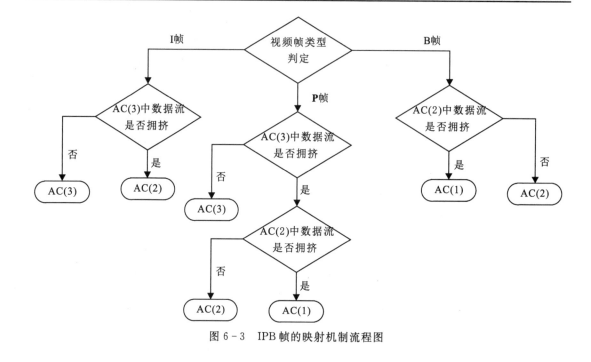

图 6-3 IPB 帧的映射机制流程图

6.4 机制性能评估

为了评估所提出的拥塞避免机制的优点，我们提出了一个详细的评估，该评估是基于模拟和基于拥塞避免机制实现的实验。

6.4.1 仿真设置

1. 网络拓扑设置

据我们所知，在移动 ad hoc 网络的工作模式下，Mesh 节点的半径可以达到 500 m 左右。考虑到节点部署成本和日常实际需求，我们实验室只有 5 个网格节点。因此，我们选取了 10 个 Mesh 节点作为模拟节点。

网状网络具有非视距传输、结构灵活等特点。因此，在下一个测试中，我们将在三种拓扑中测试所提议方案的性能（见图 6-4）。

首先，我们使用 NS-2 网络模拟器开始模拟，来估计网状网络的拓扑结构变化。为了评估传输信道条件的影响，在这个仿真中，我们采用了三种不同的拓扑。图 6-5 显示了三种不同传输通道条件下平均数据包传输率的变化。我们可以得出这样的结论：当信道质量较好的时候，CAM 和 EDCA 都能得到很低的丢包率。CAM 仍能保持较低的丢包率，而当信道质量变差、Mesh 节点竞争加剧时，EDCA 的性能明显降低。

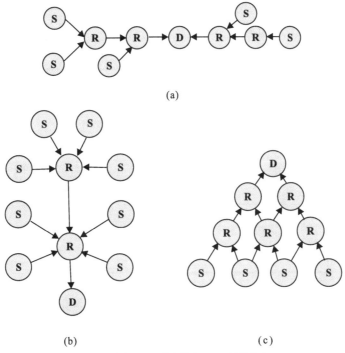

(a)

(b)　　　　　　　　　　　　(c)

S—发送节点；R—路由节点；D—目的节点。

图 6-4　仿真节点不同的拓扑结构

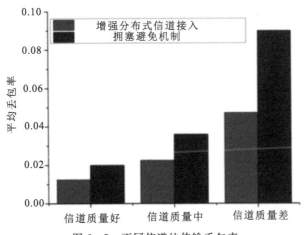

图 6-5　不同信道的传输丢包率

2. 视频传输设置

接下来，我们使用 NS-2 网络模拟器来操作模拟，以估计在网状网络上的数据包传输方式。此外，我们使用（Foreman，News）生成 H.264 视频流量。在这个框架中我们使用了 ffmpeg 编码器。仿真场景参数如表 6-2 所示。

首先，在 Mesh 网络的发送端发送 H.264 格式的视频测试文件，网格节点输出 Source Trace_file，然后对 Source Trace_file 进行相应的修正。修正后，发射轨迹文件是视频文件，通过 NS2 传输，因此可以通过 NS2 模拟器模拟视频文件。传输数据通过多跳网状网络从发送端传输到接收端。通过网络传输的视频已经发送完毕。在接收器网格节点上，接收到的文件 Receive Trace 用于分析。结合 Transmit Trace 文件、Receive Trace 文件和原始视频文件，提取传输的视频文件，进行具体的传输分析。

表 6-2　IEEE 802.11e EDCA 参数

仿真场景参数	数值
Mesh 网络分布	10×10 km
Mesh 节点数量	10 个
节点放置流量	随机分布的两个节点通过一个节点向另一个节点发送多媒（视频/和/语音/流）。每隔一个节点向最终节点发送 1.5 Mb/s 流量
缓冲区大小	800 Mb
数据包大小	1600 Mb
平均单跳时延	20 ms
控制包请求间隔	10 ms

利用该网络模拟器，将所提出的自适应机制的结果与动态映射机制、静态映射机制和 802.11e EDCA 的结果进行比较，以评估 H.264 视频流在 WMNs 上的性能。对于这些模拟，视频源选择 Foreman 和 News 序列。为了全面测试所提出的自适应机制的性能，我们选择了长度较短的 20 帧/s 和 100 帧的 Foreman 视频流（176 像素×144 像素）。另一种是较长的新闻视频流（352 像素×288 像素），25 帧/s 和 300 帧。

6.4.2　仿真性能分析

通过仿真测试，我们得到了动态映射机制、静态映射机制、EDCA 四个跟踪文件，并提出了自适应机制。多媒体流量动态映射机制是将所有帧动态地映射到 AC（2）、AC（1）、AC（0）；静态映射机制是将 I 帧映射到 AC（2），P 帧和 B 帧分别映射到 AC（1）和 AC（0）；EDCA 方案是将所有帧映射到 AC（2）。然而，根据 AC 的流量，所提出的自适应机制将视频帧映射到合适的 AC 上。为了评估视频传输质量，所采用的性能指标为峰值信噪比（PSNR）和均方误差（MSE），它们清楚地描述了四种映射机制的对比情况。

为了测量视频质量，我们使用了另一个度量标准——平均意见得分（MOS）。众所周知，多媒体质量管理是衡量多媒体质量的主观指标。我们可以将切片的 PSNR 值近似为 MOS 尺度（见表 6-3）。

表 6-3　PSNR 与 MOS 转换对比表

数值	等级
大于等于 37	5（优秀）
[31, 37)	4（好）
[25, 31)	3（平均）
[20, 25)	2（差）
小于 20	1（坏）

图 6-6 和图 6-7 给出了上述机制模拟运行得到的 PSNR 值。所提出的自适应机制能显著提高 PSNR。如上所述，视频流的重要性为 I 帧＞P 帧＞B 帧。EDCA 机制使所有视频帧进入 AC（2），而不考虑其他 AC（3）或 AC（1）的流量。当 AC（3）此时空闲时，EDCA 机制将所有视频帧分配给 AC（2）是一种不计后果的方式。动态映射机制允许所有帧动态映射到 AC（2）、AC（1）和 AC（0）。显然，I 帧和 P 帧被分配到最低的传输优先级。图像的重建是一个非常困难的问题。静态映射机制使所有帧都成为静止的交流，这种机制不考虑实时流量。我们可以优先保证其他帧（如 I 帧或 P 帧）的传输。当 AC（2）发生拥塞时，需要映射 AC（1）中的 B 帧。当 AC（2）已经拥塞时，EDCA 机制将 B 帧映射到 AC（2）是不明智的。

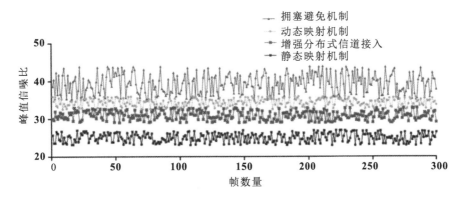

图 6-6　同一个视频流不同的视频映射机制的峰值信噪比对比（序列：Foreman）（彩图扫描本章后二维码）

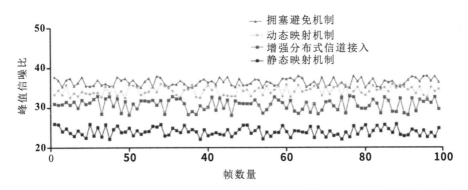

图 6-7　同一个视频流不同的视频映射机制的峰值信噪比对比（序列：News）（彩图扫描本章后二维码）

图 6-8 和图 6-9 显示了四种机制下的均方误差（MSE）值。由于所提出的自适应机制具有较好的均方误差，曲线图像的自适应更加平滑。自适应机制在其他 AC 空闲且 AC（2）充满视频流量时优先处理视频帧。因此，如果采用这种对视频帧进行差分优先的方式，接收帧的均方误差将具有理想值。

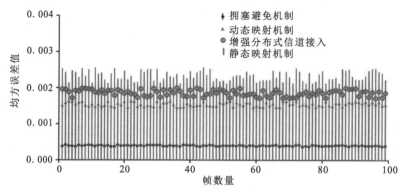

图 6 - 8　同一个视频流不同的视频映射机制的 MSE 对比（序列：Foreman）（彩图扫描本章后二维码）

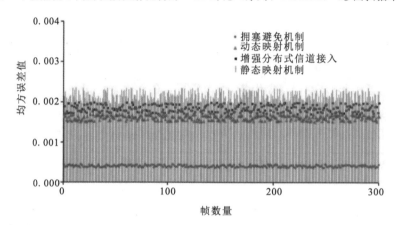

图 6 - 9　同一个视频流不同的视频映射机制的 MSE 对比（序列：News）（彩图扫描本章后二维码）

6.4.3　实验设置

我们提出的自适应机制的部署和评估已经在网格节点上进行，在各种拓扑下进行实验。实验所用网格节点规格如表 6 - 4 所示。

表 6 - 4　Mesh 节点的基本配置参数

参数设置	值
模型	Atheros Ar 9220
操作系统	Openwrt 12.09（Attitude Adjustment）
内存大小	32 MB
闪存芯片容量	128 MB
缓存大小	2×U. FL
天线接口	Batman—adv Ad hoc
操作模式	Mac 802.11
操作类型	10
网卡配置	11na
网卡操作模式	HT40+

每个 Mesh 节点不仅是一个主机，也是一个路由器，根据其他节点的行为转发数据包。这种 WMN 的动态自组织和自配置特性提供了灵活的数据传输。因此有必要对 Mesh 网络的带宽、抖动等性能参数进行测试。选取 5 个节点进行多媒体流量并发传输实验验证。图 6 - 10 展示了并行传输网络拓扑的实验。客户端通过交换机与 5 个 Mesh 节点连接，服务器通过线缆和汇聚节点连接。图 6 - 11 描述了我们配置的一批节点，以使实验更有效。

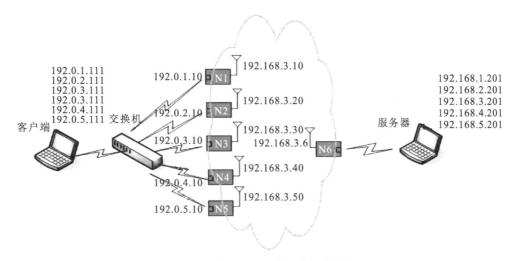

图 6 - 10　并发 Mesh 节点的拓扑架构图

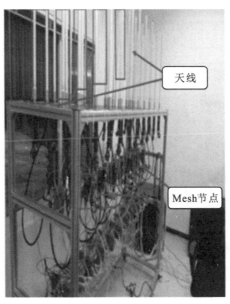

图 6 - 11　Mesh 节点并发传输场景图

6.4.4　实验结果分析

我们在客户端和服务器之间做并发测试。每次运行 3 分钟。客户端向服务器发送 UDP 包。每个进程分别在 1 Mb/s、2 Mb/s、3 Mb/s、…、100 Mb/s。如图 6 - 12 （a）所示，图表展示出随着输入带宽的增长，服务器报告带宽保持在 18 Mb/s 左右。从图 6-12（b）可以看出，并发数据传输过程中的延迟抖动不超过 12 ms，大部分稳定在 4 ms 以下。随着数据量的增加，网络中会出现更多的延迟抖动。

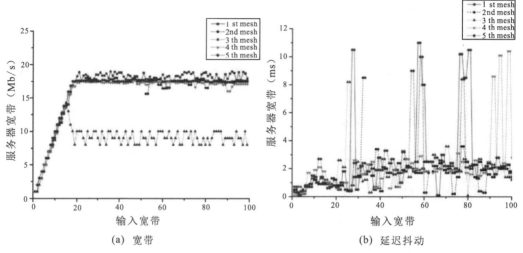

(a) 宽带　　　　　　　　　　　　　(b) 延迟抖动

图 6-12　不同节点并发情况下服务器影响（彩图请扫章后二维码）

本章提出的拥塞避免机制的部署和评估发生在 Mesh test bad 中，我们在不同的环境（室内和室外）和不同的拓扑结构下进行实验［见图 6-13（a）和 6-13（b）］。

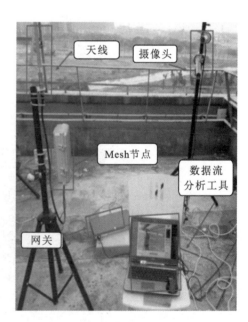

(a) 室内　　　　　　　　　　　　　(b) 室外

图 6-13　实验布置

图 6 - 14（a）和图 6 - 14（b）展示了接收网格节点上的"foreman"序列和"News"序列的视频帧。为了更有说服力，我们选择了第一帧、中间帧和最后帧。由于在 AC（2）中存在大量拥塞时，传统机制会随意丢弃视频帧。可以清楚地看到中间帧和最后一帧有不同程度的图像失真。该自适应机制考虑帧的重要性和 AC 的实际流量，保证了视频帧的传输，从而提高了多媒体传输质量。

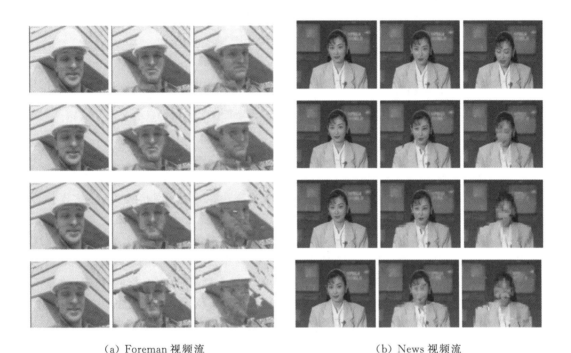

（a）Foreman 视频流　　　　　　　　　（b）News 视频流

图 6 - 15　四种不同映射机制的视觉比较（从上到下依次是自适应映射机制、动态映射机制、提高分布式信道接入、静态映射机制）

从主观的视觉角度，我们可以明显地看到拥塞避免机制在网状网络中相对于其他映射机制的优越性。接下来从客观的角度分析丢包率和时延。这里选择上文提出的新闻视频源，让其在媒介信道条件下进行传输。

图 6 - 16（a）显示了四种映射机制的丢包率，可以看到在复杂的多跳 Mesh 网络中，动态映射机制明显优于静态映射机制。多跳网状网络带来了更多的不确定性干扰，网络情况无法提前预测。从图 6 - 16（a）中也可以得出结论：拥塞避免机制的性能更好，虽然网络的不确定性有轻微的抖动，但其丢包率基本可以保持在 3% 以下。图 6 - 16（b）描述了上述四种映射机制的端到端延迟。对于大多数应用程序来说，小于 150 ms 的端到端延迟是可以接受的。可以看出，凸轮机构的延时基本可以保持在 140 ms 以下，抖动幅度较小，延时小于其他映射机制。由于网状网络具有多跳和不确定性的特点，因此，应该根据不同的视频帧选择合适的传输通道，而不是简单地使用 WLAN 视频传输的映射机制。

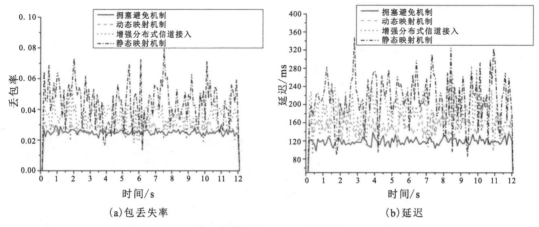

(a)包丢失率   (b)延迟

图 6-16　四种映射机制的对比（彩图请扫章后二维码）

本章小结

在本章中，我们提出了一个避免拥塞的机制来提高在 802.11e 网状网络上的多媒体传输质量。在网络拥塞的情况下，我们优先考虑最重要的视频帧，以保护最重要的数据。在网络拥塞期间，该机制丢弃不重要的数据包，以确保重要的数据包到达优先级。这种拥塞避免机制成功地提高了多媒体传输质量。实验结果表明，与动态映射机制、静态映射机制和 EDCA 机制相比，本章提出的拥塞避免机制取得了一定的改进。随着越来越多的 WMN 覆盖范围的扩大，这一研究工作具有很大的潜力。当然，还有大量有待进一步研究的开放性问题。虽然我们提出的拥塞避免机制提高了多媒体传输的质量，但仍有一些领域需要进行更广泛的研究。未来的工作应该包括在多媒体传输中起重要作用的一些参数，如帧间间隔和队列长度。我们把这些具有挑战性的问题留给未来的研究。

本章部分彩图

》 第 7 章

低功耗物联网无线传输的数据处理系统设计

7.1　引　言

随着物联网、移动互联网等技术的快速发展，快速普及的智能化应用推动了各种数据量的大幅度增加。在数据时代发展的背景下，数据的处理也成为了研究热点之一。智能交通，智能医疗和智能家庭等应用都需要对用户行为数据进行处理和分析。在低功耗物联网无线传输系统中，有源节点装配有电池，但其不方便携带和需要更换电池等缺点导致用户使用的频率大大降低；无源节点具有体积小、轻便、方便携带和无源的优点，正因为如此，它常常被用作用户行为数据获取的载体。而如何从这种较短通信距离的无源节点中获取凸显用户行为特征的数据并分析，已成为一个值得我们深入研究的问题。

用户特征数据是区分用户身份差别的重要属性。为了区分用户身份特征，很多系统的设计是加入生物信息来辅助区分的。例如，加入指纹辅助的用户数据分析，面部识别辅助用户数据分析和虹膜识别辅助的用户数据分析等等。人体的生物信息往往是独一无二的，因此，在用户特征数据分析中加入生物信息特征进行辅助判别，会使相关的用户数据难以被盗用与仿制。与传统技术相比，这些采用生物信息辅助的判别方法在分析用户数据特征的过程中大显身手，使各方面的安全性都有了很大提高。然而，指纹识别辅助技术要求用户不能有其他相关的扰乱对象对用户指纹进行遮挡，包括汗渍、污渍、血渍乃至皮肤受伤形成的指纹表面皮层模糊等现象。面部识别辅助技术受光线强度的影响较大，像白天和夜间的识别效果会有明显的不同。而且，该技术要求用户面部不能有遮挡物，包括口罩、太阳镜等。虹膜识别辅助技术需要良好的光线来更好地进行识别判断。资料显示，亚洲人和非洲人的虹膜是黑色或褐色的，为了识别区分用户的人种类型，就需要用红外摄像机获得虹膜图像进而进行虹膜图像识别。虽然上述所说的这些技术确实能够辅助区分用户数据特征，但是前期的安装和后期的维护修整费用都比较高昂，而且这些技术不太能够直接适用于低功耗物联网无线传输系统。所以能够辅助区分用户数据特征的相关技术类型还需继续探究与设计。

用户行为特征数据的处理分析非常重要，正是由于该处理分析的重要性，其应用范围也十分广泛：分析用户行为、定位目标用户、实现用户精准推广以及用户个性化服务等方面都有特征数据分析的身影。但是针对低功耗物联网无线传输系统而言，节点的能量供应是一个关键性问题，即节点上不可能处理太过繁琐的精细计算，也不可能维持一个较长距离的通信。在行为数据处理系统设计时需要考虑以下几方面：如何能够在不影响用户一般化的动作习惯下，尽可能便捷地完成用户行为感知识别的任务；既然节点的处理能力有限，应该将用户行为数据处理这种繁琐精确的操作变更到接收器端处理完成。

另外一个关键性问题是用户在预定用户特征动作数据时，不可能进行频繁定义。如果采用传统的机器学习方法，在用户数据训练集有限的情况下，训练集规模很大程度上限制了用户数据识别的精度与准确度。即如何在数据训练集有限的情况下，能够快速地提取出用户行为数据的特征，使系统能够高效率地执行用户行为特征数据的处理和分析。

7.2 行为数据处理系统设计

7.2.1 系统预览

用户行为数据处理系统由以下三部分组成：无源节点、数据接收器、数据处理器和存储设备。各部分具体功能如下。

（1）无源节点：用于实现用户行为数据的感知，实验中选用两个 WISP 节点相对进行放置，这样能够提高无源节点获取数据的准确性。所选用的 WISP 节点上集成有微控制器，EEPROM 和一些低功耗传感器，例如：加速度传感器，温度传感器和光照传感器等等，能够捕获用户所操作的特征数据。前期使用时，用户能够根据自己的喜好和习惯自定义用户自己的行为特征数据。这样的自定义方式不但能够方便用户日常使用，而且很大程度上提高了系统的安全性和密钥空间。

（2）数据接收器：用户在操作无源节点时，其上的低功耗加速度传感器会发生变化，而无源节点能够记录这种变化。变化的传感器值会被接收器以 EPC 值的形式收集。接收器能够实时地收集用户的特征数据，并将数据上传到计算机，方便计算机进一步分析处理用户行为特征数据。

（3）数据处理器和用户数据库：本章的系统采用常用计算机作为用户行为数据的处理设备。对于用户行为特征数据的处理包含：数据预处理、数据归一化、特征提取、特征匹配等。采用常用的计算机作为处理设备，可以方便将来的系统推广和广泛部署。

7.2.2 系统工作流程

图 7-1 展示了系统工作的流程，该系统包含四个步骤：用户定义动作、数据感知预处理、特征提取和活动识别。

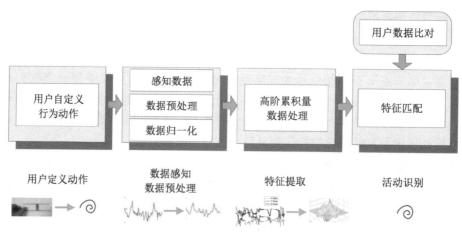

图 7-1 系统工作流程

第一个步骤是允许用户自定义特征动作。本章设计的系统允许用户根据个人喜好和习惯来自定义用户的特征行为动作。用户自定义的动作也需要数据处理，期间通过计算机将用户的特征信息存储到数据库中。

第二个步骤是对接收器采集到的 WISP 节点数据进行预处理和归一化处理。这一步骤会直接影响后续步骤的准确性。由于用户的相关动作信号容易受到其他外界因素的影响，进而需要对 WISP 节点上的传感数据进行预处理。即使特征动作是同一个用户自定义的，其幅度和持续时间也会不同，正由于上述所说的一系列原因，完全有必要对收集的感知数据进行归一化处理。

第三个步骤是利用计算机分析感知数据，从而提取用户行为动作数据。行为数据处理系统要求有低延迟和高准确性，所以我们使用高阶累计量（Higher Order Cumulants，HOC）的方法来提取用户特征数据。与其他方法相比，在用户数据训练集数量有限的情况下，该方法能够快速、准确地实现对用户行为动作数据的特征提取。

最后一个步骤是对用户自定义的行为特征数据进行动态识别。本章设计的系统主要是使用动态时间规整（Dynamic Time Warping，DTW）的方法来比较用户行为的高阶累积量的第一主成分，此方法下，系统可以动态地识别用户行为特征。

7.3　数据获取处理与识别

7.3.1　用户定义行为特征动作

本章提出的系统支持用户自定义行为特征动作，可以在一定程度上方便用户操作与执行。该系统中用户可以根据自己的喜好和习惯来自定义用户特征数据。不同用户的习惯不同，从而就会影响其自定义的特征数据，但用户自定义特征数据的操作并不复杂，并且根据如上操作足以区分不同用户行为特征数据，此处实验部分将给出更多的细节解答。

7.3.2　感知数据获取与处理

1. 感知数据获取

为了对 WISP 节点上不同的传感器数据进行分类区分，分别定义了不同传感器类型的 ID。例如，传感器的静态 ID 类型为 0x00。传感器的温度（外部）类型为 0x0e。传感器的加速度（快速）为 0x0b。当用户在接收器附近区域操作 WISP 节点时，WISP 节点上的加速度会发生变化并且以 EPC 值的形式被接收器接收存储起来。这种 EPC 值的信息长度为 12 B，其中包括：1 B 的标签类型，8 B 的数据，1 B 的 WISP 硬件版本，以及 2 B 的硬件串行号码。

可以通过如下公式计算节点上低功耗传感器的加速度值：

$$\text{Accel}_x，\text{Accel}_y = (100 - 100 \times 1.16 \times \text{value\_returned\_by\_wisp})/1024 \quad (7-1)$$

$$\text{Accel}_z = (100 \times 1.16 \times \text{value\_returned\_by\_wisp})/1024 \quad (7-2)$$

式中，Accel_x、Accel_y、Accel_z 为 WISP 节点的三轴加速度计不同的值。

WISP 节点是一种能量受限但来源于接收器供能的无源器件，频繁的供能中断极其容易丢失 WISP 节点的传感器数据。而为了减少这种情况的发生，具体解决措施是在一个塑料容器中放置两个 WISP 节点。这样的解决思路从一方面来看，可以提高 WISP 节点获取感知数据的准确性；另一方面，在不改变放置节点容器大小的同时，能使两个节点之间角度变化的方式更为简单，进一步增强系统的安全性，也为用户提供了坚实的保障。值得注意的是本章中节点的位置为相对放置。

当用户操作 WISP 节点并执行所设定的相关行为动作时，其上的三轴加速度计的值会发生变化。由于加速度值在本操作中是一个采样值，所以三轴加速度的值可以用下列公式计算：

$$A_t = \boldsymbol{a}_t + n_t, \quad t = 1、2、\cdots \tag{7-3}$$

$$\boldsymbol{a}_t = [a_t^x \ a_t^y \ a_t^z]^T \tag{7-4}$$

式中，A_t 为加速度 $\boldsymbol{a}_t$ 的合成值，其中包括在时间 t 产生的噪声值 n_t，其遵循均值为 0，方差为 σ^2 的高斯随机分布，$n_t \sim N(0, \ \sigma^2)$、$a_t^x$、$a_t^y$ 和 a_t^z 分别代表三轴加速度计在时间 t 产生的对应数据。

2. 数据预处理

在整个分析获取数据过程中，数据的预处理起着关键性作用，它直接影响着后期数据处理的精度与准确度。该系统主要从 WISP 节点上的低功耗传感器中获取数据。由于 WISP 节点工作在 920 MHz～925 MHz 频段，此频段与传统的 RFID 技术共用通信频段。射频干扰、噪声和供能下降等因素都会带来测量误差和一些其他误差。所以，需要减少并淡化噪声信号的干扰，从而使相关误差大大降低。信号去除噪声在信号处理的早期阶段是很常见的，有很多去除噪声的技术。与其他的去噪技术相比，离散小波变换（Discrete Wavelet Transform，DWT）是其中最常用的分析方法之一，近年来，小波变换也已经成为一种惯用的分析和去除噪声信号的方法。

Mallat 在 1999 年首次提出 DWT 技术，该技术是利用一种快速的多分辨率分析进行捕获数据的算法。DWT 技术可以在时间域和频率域中进行信号转换。该技术具有两个方面的优点，一方面 DWT 技术的分辨率可以根据实际采集的信号去噪需求灵活地进行转变；另一方面，它可以实现细粒度、高精度、多尺度的分析。获取的信号能够同时被分解，并且借助于高通滤波器和低通滤波器，信号可以分为两个组成部分：一个细节系数分量（从高通滤波器获得）和一个近似系数分离（从低通滤波器获得）。

当用户操作 WISP 节点时，节点上的加速度值会发生变化，图 7-2 所展示的是从 WISP 节点中获取的原始数据。图 7-3 显示的是 WISP 节点的加速度数据通过离散小波变换去除噪声后的值。该方法能够简洁明了地从噪声信号中判断出曲线上升和下降的相关变化。通过比较图 7-2 和图 7-3 曲线的差异性表明：使用小波变换去除噪声技术，可以明显提高用户行为特征数据曲线的稳定性。

3. 数据归一化

用户自定义的相关行为动作数据即使潜意识中操作流程一样，也不一定会有相同的变化幅度。为了减少这种差异，需要对获取的用户行为特征数据进行归一化操作，从而使后期的系统识别过程更加快捷有效，大大降低系统的识别难度。因此，需要对获取的相关用户数据进行统一的标准化处理，处理方法如下所示：

$$A_{t\_i, \, \text{new}} = \frac{A_{t\_i} - A_{t\_i, \, \text{min}}}{A_{t\_i, \, \text{max}} - A_{t\_i, \, \text{min}}} \tag{7-5}$$

式中，A_{t_i}是每个数据点的值；$A_{t\_i,\,\min}$是所有数据点中最小的值；$A_{t\_i,\,\max}$是所有数据点中最大的值。

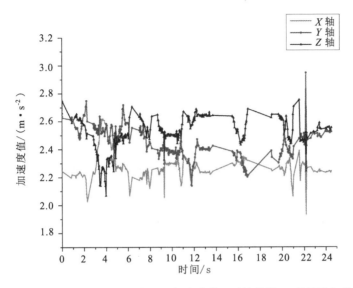

图7-2 从连续移动WISP节点获得的加速度值（原始数据）（彩图请扫章后二维码）

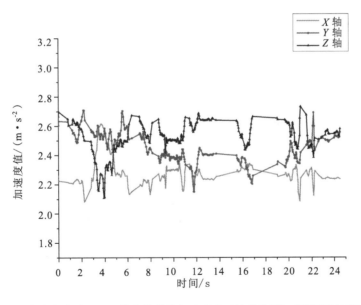

图7-3 从连续移动WISP节点获得的加速度值（处理数据）（彩图请扫章后二维码）

7.3.3 用户行为数据特征提取

用户行为数据的特征提取是分析和识别用户行为特征数据的关键工作流程之一。在数据处理之后，系统将提取有效的特征数据用于后期的用户行为识别和匹配。

与其他的特征数据提取方法相比，高阶累积量的方法能够为用户行为特征数据的分析提供充足的原始信号信息，并且其还具有非线性、非平稳等特点。从 WISP 节点得到 EPC 值中的 0x0B 数据之后，利用高阶累积量的方法来提取用户行为特征，有以下几点优势：第一，用户特征动作的加速度信息是非线性的、非平稳的和非高斯分布的。高阶累积量的方法可以提取信号中的非高斯特性信号。第二，用户细微的运动识别需要较高的去除噪声性能。如果在去除噪声不完全的情况下进行之后的识别等操作，会大大降低后续用户特征数据识别的准确率。因此，本章选择高阶累积量的方法使之能为后续的系统识别提供"双重保护"。

对于一般变量，高阶矩的定义为

$$\boldsymbol{m}_k = E\{x^k\} = \varphi^k(0) = \frac{\mathrm{d}^k \varphi(s)}{\mathrm{d}s^k} \mid s = 0 \qquad (7-6)$$

式中，k 阶矩是由 $\varphi(s)$ 所生成，所以特征函数 $\varphi(s)$ 是随机变量 x 的矩生成函数。

$$\varphi(s) = E\{\mathrm{e}^{sx}\} = \int_{-\infty}^{+\infty} f(x) \mathrm{e}^{sx} \mathrm{d}x \qquad (7-7)$$

式中，$f(x)$ 是随机变量 x 的概率密度函数。高阶累积量被定义如下：

$$C_k = \frac{\mathrm{d}^k \psi(s)}{\mathrm{d}s^k} \mid s = 0 \qquad (7-8)$$

式中，$\psi(s) = \ln\varphi(s)$ 代表了累积量生成函数。

在上述分析的基础上，利用高阶累积量的方法来求出 A_t 的特性。假设 $\{A_1, A_2, \cdots, A_t\}$ 作为三轴加速度计的序列值，每一个都等于三轴加速度计的平均值。

$\boldsymbol{m}_1^A$ 表示一阶矩，$\boldsymbol{m}_2^A$ 表示二阶矩，$\boldsymbol{m}_3^A$ 表示为三阶矩，相应高阶矩的表达式可以表示如下：

$$\boldsymbol{m}_1^A = E[A(t)] \qquad (7-9)$$

$$\boldsymbol{m}_2^A(\tau_i) = E[A(t)A(t+\tau_i)] \qquad (7-10)$$

$$\boldsymbol{m}_3^A(\tau_i, \tau_j) = E[A(t)A(t+\tau_i)A(t+\tau_j)] \qquad (7-11)$$

式中，τ_i 表示延迟 i；τ_j 表示延迟 j；E 代表了数学期望。

而一阶累积量 C_1^A 的值描述了概率分布的中心，并对应于时域中的数学期望值。二阶累积量 $C_2^A(\tau_i)$ 的值为方差，表明三轴加速度计的平均值概率分布的偏差程度。三阶累积量 $C_3^A(\tau_i, \tau_j)$ 的值与三阶矩 $\boldsymbol{m}_3^A(\tau_i, \tau_j)$ 相等，表明三轴加速度数据概率分布的不对称程度。高阶累积量可以用以下公式进行计算：

$$C_1^A = \boldsymbol{m}_1^A \qquad (7-12)$$

$$C_2^A(\tau_i) = \boldsymbol{m}_2^A(\tau_i) \qquad (7-13)$$

$$C_3^A(\tau_i, \tau_j) = \boldsymbol{m}_3^A(\tau_i, \tau_j) \qquad (7-14)$$

为了验证高阶累积量的方法用于用户行为特征数据提取的可执行性。分别定义了在二维平面和三维立体中所能被执行的六种特征动作，这六种用户行为特征动作非常多见，用户用 WISP 节点执行这些已定义的动作：比画加号动作，比画减号动作，比画错号动作，比画对号动作，比画圆圈动作，比画圆圈且直线从中间穿过的动作（见图 7-4）。

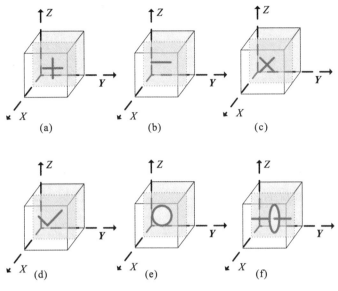

图 7 - 4　六种定义动作示意图

接下来，分别对这六种用户自定义特征动作的高阶累积量进行分析。本章只列举了常用的 6 种特征动作。从图 7 - 5 到图 7 - 10 分别描绘了不同行为的三阶累积量的三维曲面图和等高线图。从图中可以看出，不同动作之间的三维分布，梯度变化以及陡峭程度都是不一致的，整体轮廓的变化密集程度也各有区分。通过观察这些特征，推测出采用高阶累积量的方法可以对用户数据特征进行提取。

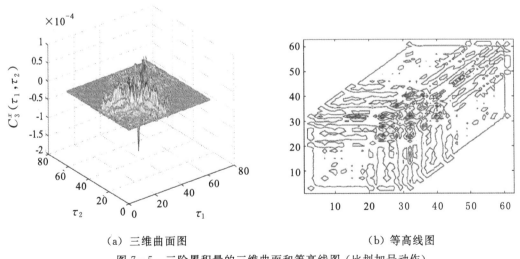

（a）三维曲面图　　　　　　　　　　　（b）等高线图

图 7 - 5　三阶累积量的三维曲面和等高线图（比划加号动作）

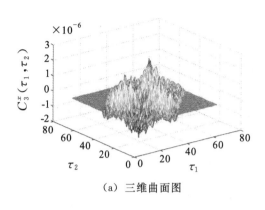

（a）三维曲面图

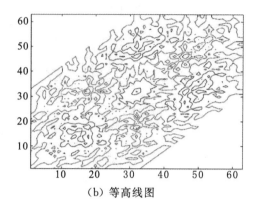

（b）等高线图

图 7-6　三阶累积量的三维曲面和等高线图（比画减号动作）

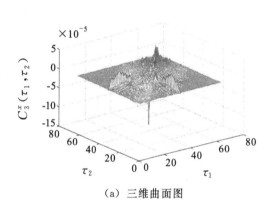

（a）三维曲面图

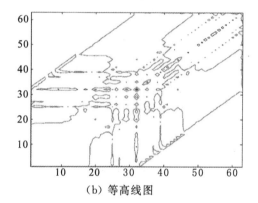

（b）等高线图

图 7-7　三阶累积量的三维曲面和等高线图（比画错号动作）

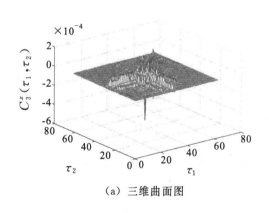

（a）三维曲面图

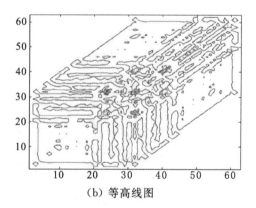

（b）等高线图

图 7-8　三阶累积量的三维曲面和等高线图（比画对号动作）

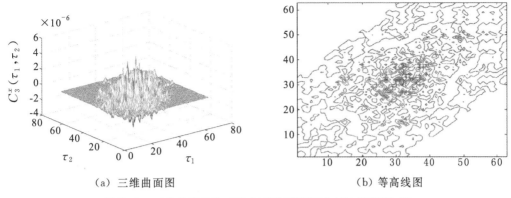

（a）三维曲面图　　　　　　　　　（b）等高线图

图 7-9　三阶累积量的三维曲面和等高线图（比画圆圈动作）

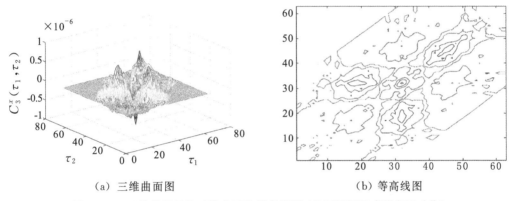

（a）三维曲面图　　　　　　　　　（b）等高线图

图 7-10　三阶累积量的三维曲面和等高线图（比画圆圈且直线穿过动作）

7.3.4　用户行为特征识别

在执行用户行为特征提取后，使用用户自定义的行为特征数据来识别用户的操作行为。现有已知的特征匹配方法有很多，如深度学习、支持向量机、决策树判别等方法。然而，这些方法并不适用于低功耗物联网无线传输系统的行为感知，由于用户使用系统来存储用户自定义的特征动作，因此，用户不可能执行太多次数的行为特征定义，这也就意味着如果使用传统机器学习的方法所采集的训练集是有限的。这样会明显降低使用机器学习来训练或是区分用户特征数据识别的性能。此外，WISP 节点是一种能量受限型无源器件，不可能进行繁杂的计算。因此，对于用户特征数据的处理和对繁杂数据的处理应放在计算机端执行。

经过仔细分析后发现：用户特征数据的高阶累积量的第一主成分是基于时间的。因此，不能简单地使用距离测量方法来进行特征动作的匹配，例如：欧几里得距离测量法，闵可夫斯基距离测量法。虽然这些方法已经被研究者大范围使用，但是，不太适用于低功耗物联网无线传输系统中用户特征数据分析，原因如下：第一，当用户执行自定义动作时，大多数时间序列数据中都具有部分噪声的干扰，而采用离散小波变换去除噪声方法是不可能完全消除噪声的。第二，两个相似的时间序列在平均波动上的局部是不一致的。第三，虽然用户执行自定义的行为动作，但每次相对应的动作幅度是不一致的，而且，用户的动作持续时间也会略有不同。为了达到更好的用户特征数据的识别精度与准确度，本章选择动态时间规整

（Dynamic Time Warping，DTW）方法来比较存储的用户特征数据与识别的用户特征数据之间的相似度，从而更好地对用户特征数据的识别准确度进行保证。此外，所采用的动态时间序列的波形匹配比简单特征点匹配更为丰富。

7.4 实验评估

7.4.1 实验设置

（1）WISP 节点：本章选取两个 Intel WISP 节点作为用户行为特征数据的感知数据获取设备。WISP 节点是一种无线无源感知节点，能够被用于检测用户的行为动作。WISP 节点采用超低功耗的 MSP430 处理器，其上集成了温度、加速度计和光照强度等多种低功耗传感器。WISP 节点的能量来源于接收器发出的载波信号，理论上选取它之后通信距离就能够达到 10 英尺。WISP 节点是一种能量受限型的无源器件，简单来说，当接收器和节点之间的距离变大或者受到其他因素干扰时，节点的能量收集将受到限制，从而会导致接收器提供的能量不足并无法维持节点与接收器进行通信。而且，节点的能量供应不足，极易使节点上加速度传感器的数据丢失。为了进一步提高传感器数据的准确性，实验中将两个 WISP 节点放在一个容器内（见图 7-11）。为了计算便捷，将两个标签相对放置。其中节点之间不同的夹角能够进一步提高节点的安全性。在随后的节点感知数据分析时，只需要对另一个节点的数据乘以转移矩阵即可。这种非常便捷的方式较为完美地弥补了标签供应能量不足的问题。

图 7-11　WISP 节点相对放置

（2）接收器：使用英频杰 Speedway R420 接收器作为接收无源节点数据的设备。接收器需要连接一个型号为 S9028 PCL Laird 的天线。该天线具有 9 dBi 的天线增益，其尺寸大小为 10 英寸×10 英寸×1.5 英寸。为了保证无源节点与接收器数据这两者传输的准确性，实验设置接收器和无源节点之间的通信方式为 Miller 4 编码。这样进行数据传输，一方面能够保证节点数据传输的准确性；另一方面能够保证接收器和节点之间的信息传输速率。在其中，接收器能够通过反向散射的形式与节点进行通信，这种通信方式不仅可以为无源节点提供能量，还能够完成与节点之间的通信，采集节点的感知信息等操作。为了保证接收器控制信息的发送和信息的接收不产生通信冲突，接收器会跳频通信以避免冲突，但跳频持续时间非常短，不会影响节点信息的采集。

7.4.2 性能评估

1. 实验准备

图 7-12 描绘了实验场景，实验中把两个 WISP 节点放在一个容器内，这两个 WISP 节点可用于测量用户行为动作的加速度信息。前文已经分析了选取两个 WISP 节点作为用户行

为特征数据的感知设备的原因。

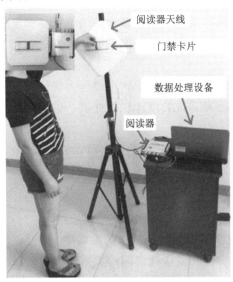

图 7 - 12　实验系统实施

　　当用户执行用户自定义的行为动作时，会产生无源节点和接收器的天线之间仍然存在距离的相关问题。这也就意味着应该验证节点和接收器之间通信的最大距离，以确保用户可以自由地执行自定义的特征动作。通过多次实验，本章采用的无源节点与接收器之间的通信距离可以达到 0.7 m。在实验中，分别对节点与接收器之间的接收信号强度（Received Signal Strength Indication，RSSI）进行了测量，其中 RSSI 值对距离的变化特别敏感，但是不能据此简单地推断 RSSI 值会随着距离的增加而减小。实验中发现，在一定时间内，节点与接收器之间的距离缓慢增加后，RSSI 值会相应减小。但当把 WISP 节点远离接收器天线方向缓慢移动，可以看到 RSSI 的值逐渐降低（见图 6 - 13）。即便如此，0.7 m 的距离也足以完成对用户行为数据的获取，用户可以执行用户自定义的行为动作，系统也可以完成用户行为特征的相关识别。

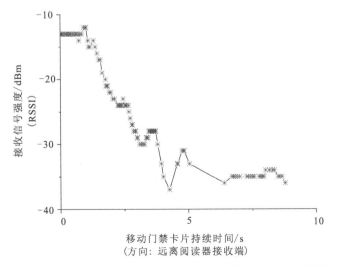

图 7 - 13　测试 RSSI 值的变化（随着接收器和节点之间距离的增加）

2. 评价指标

低功耗物联网无线传输的行为数据处理系统的两个重要衡量指标分别是系统精度和系统识别时延。高精度代表了系统识别用户特征的准确性，低时延代表了系统识别特征的等待时间，评价指标定义如下。

（1）准确性：被定义为系统能够正确识别用户行为特征数据的准确率，其反映了低功耗物联网无线传输的行为数据处理系统的整体识别性能，也是对行为数据处理系统的优劣评判的重要保证。

（2）时延：被定义为系统进行用户行为特征分析和用户行为特征识别所耗费的时间，是充分反映行为数据处理系统好坏的关键因素之一。

7.4.3 实验结果

1. 用户自定义不同复杂度下行为特征动作的准确率

本实验的目的是找寻准确度和复杂性之间的关系。为此，以该实验目的为方向，本章寻找了 12 名志愿者，其中包括 4 名男性和 8 名女性，对其提前告知并提出了志愿者需要定义不同复杂程度的用户特征数据（每个人被要求设计 20 个动作）。在实验中，对志愿者动作没有统一的规定。经过统计整理后，将志愿者行为特征数据的复杂性分为 6 个层次。

表 7 - 1 显示用户基本上喜欢自定义简单的特征动作，表中级别越高代表用户自定义行为特征的复杂度越高。通过表中可以观察到，超过 80％的用户选择自定义低级别复杂度的用户行为动作。

表 7 - 1　用户定义动作的复杂度

复杂度	数量	百分比
级别 1	115	47.9％
级别 2	44	18.3％
级别 3	42	17.5％
级别 4	24	10％
级别 5	12	5％
级别 6	3	1.3％

在实验中，每个志愿者执行不同复杂程度的动作。每个行为动作重复 10 次，并将数据存储在相应的用户数据库中。此处，实验中忽略了节点与接收器 EPC 的认证阶段，志愿者只需使用 WISP 节点执行用户自定义行为特征。其中，每个志愿者操作不同的行为动作。如图 7 - 14 所示，用户自定义的行为特征的复杂度越高，系统的识别精度越低。但是，在复杂度 3 级别以下时，系统的用户动作识别精度依然可以达到 94.41％。

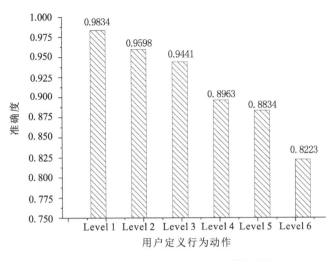

图 7 - 14　不同复杂度下的识别准确性

2. 用户自定义不同复杂度下行为特征动作的时延

如图 7 - 15 所展示的是系统对于 6 个复杂度下用户自定义特征动作的时延分析。从图中可以发现，系统的时延在复杂度的第 3 级别依然是可以被接受的。此外，超过 83.7% 的志愿者选择自定义较低复杂度的运动（不超过复杂度第 3 级别），因此本章设计的系统识别时间是能够被接受的。

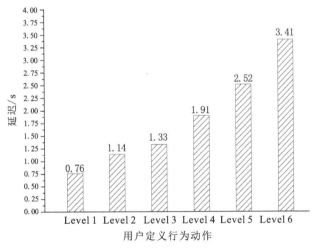

图 7 - 15　不同复杂度下的系统时延

3. 系统对于不同用户的识别准确性

即使在相同的实验环境下，系统对于不同用户的识别准确率也是不同的。因此，为了验证对应关系，分别对不同志愿者的动作识别准确率进行了 60 次实验，并将 60 次实验的平均值进行了总结概括，如图 7 - 16 所示，不同志愿者的系统识别准确率都保持较高水平。然而，有一名志愿者的行为动作识别准确率波动很大，最低准确率甚至下降到了 75.11%。通过仔细研究发现：该志愿者自定义行为动作的复杂度级别较高，而且其行为特征幅度较小，这使得行为数据处理系统对识别该用户行为特征的准确率大大降低。这将是今后工作中需要注意的问题，同时也启示我们当用户自定义动作复杂度较高时需要用户执行更大幅度的行为动作。总之，本章提出的系统识别准确率基本保持在较高的水平，并且仍有上涨的趋势。这充分证明了本章提出的低功耗物联网无线传输行为数据处理系统的有效性与可行性，该系统走向现实并成为一个有价值的应用是未来的方向与趋势。

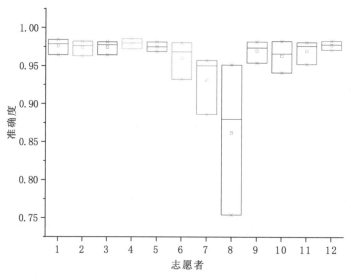

图 7-16　不同志愿者的系统识别准确率

本章小结

　　本章提出了一种适用于低功耗物联网无线传输的行为数据处理系统。该系统通过数据预处理、离散小波变换以及归一化等操作对低功耗节点采集的用户行为动作数据进行了处理。针对用户特征数据训练集有限的情况，通过思维转化，提出了利用高阶累积量对用户行为特征数据进行提取的方法；还利用动态时间规整的方法对用户特征的第一主成分数据进行比对，从而实现了对用户行为动作的准确识别。此外，通过大量实验验证了本章提出的系统的有效性与可行性，充分证明了本章提出的系统具有低延迟、高精度的特点。随着低功耗物联网无线传输系统的广泛应用，有充分的理由相信本章提出的低功耗物联网无线传输行为数据处理系统能够很好地适应于用户特征数据的处理、识别乃至分析等方面的相关需求。

本章部分彩图

>> 第8章

总结与展望

8.1　本书总结

从早期物联网概念的提出，到国家大力发展物联网并将物联网行业发展成为国家战略产业，在短短二十几年的时间中，物联网受到了极大关注与广泛研究。物联网使得物理世界的相关信息映射到网络数字世界中，低功耗物联网无线传输技术在物联网的发展中起到了一定的推动作用，对于感知数据与网络的有效连接意义重大。在低功耗物联网无线传输系统中，大部分研究内容聚焦于低功耗物联网无线节点的设计和节点在人们生活中的具体应用。对于低功耗物联网无线传输中数据交换机制的研究较少，物联网行业在未来有着广阔的应用前景，如何进一步提高物联网中低功耗物联网无线传输系统的数据交换机制成为一个具有挑战性且非常关键的技术方向。本书分别从无线节点的上行数据高效收集，下行数据反馈和多跳数据传输方面入手，提出了对低功耗物联网无线传输系统数据交换机制的研究分析和方法优化。本书的主要工作和贡献包括以下几个方面。

1. 研究了低功耗物联网无线传输系统中无源节点上行数据高效收集的方法

问题：本书首先对传统无源式节点采用 ASK 调制方式的优劣点进行了分析，采用该调制方式的节点能够将捕获射频能量最大化，这样有助于节点进行复杂的操作。若要进一步提高无源式节点上行数据收集效率，需要采用多个无源式节点并发传输和解码。现有的方法只适用于节点与接收器之间拥有稳定的信道系数，且传输环境中噪声干扰小的场景。接收器将接收到的节点数据信息映射到星座域中，根据星座域中的特征对节点并行解码。但是，在实际的低功耗物联网无线传输系统中，节点数量多且节点周边的噪声干扰严重，因此节点输入到接收器的输入信噪比降低，这就导致了节点星座域中状态结合簇的距离减少，接收器无法判断节点状态结合簇属于哪个节点状态类，致使接收器无法高准确率地解码并行传输的节点。

方法：进一步提高并行传输节点的上行数据收集效率，本书优化了无源式节点设计，设计节点采用 2PSK 调制方式，该调制方式中“0”和“1”之间相差相位为 $180°$，节点的高低状态电平都能存储能量，这样就保证了节点在执行任务的同时，能够提高接收器接收端的输入信噪比。接收器将接收到的并发节点数据映射到星座域中，采用 2PSK 调制方式的节点相比采用 ASK 调制方式的节点抗干扰性更强，在星座域中状态结合簇彼此的距离更大，有利于接收器对节点星座域中节点状态结合簇分类。最后，接收器根据节点的前导码规律，对得到的节点状态结合簇的序列进行解码操作，实现了对采用 2PSK 调制的多节点并行高效解码。

2. 研究了低功耗物联网无线传输系统中无源式节点下行数据反馈机制

问题：现有的无源式节点数据反馈协议遵循传统的 EPC C1G2 协议，接收器与节点之间执行一对一数据传输，即使接收器对单位区域内多个节点执行相同的下行数据反馈操作，现有方法仍需要接收器逐个与节点物理连接执行数据反馈操作，而且有些节点被部署在人员不方便再次达到的地方，有些节点甚至嵌入建筑物水泥体内无法物理接触或回收，一种可行的方法是采用无线传输的方式进行下行数据反馈。如果对范围内的节点都执行单一的数据反馈方式显然是不明智的，由于无线传输的广播特性，处于接收器天线覆盖范围内的节点其实能够接收到来自接收器发送的信息，但是，由于遵循现有通信协议无法直接应答接收器。

方法：针对无线传输系统的这种特性，本书在兼容现有协议的基础上提出了一种基于链路特征感知的下行数据反馈协议。为了方便普及和推广，使用商用接收器执行数据反馈操作，接收器遵循传统通信协议，对节点端的通信协议逻辑进行修改。接收器对要执行数据反馈操作的节点进行链路特征评估，从而减少由于随机选择节点执行数据反馈而带来过多充电冗余的弊端。接收器选择链路特征好的节点作为主节点，与接收器维持正常的通信，剩余节点首先检验接收器发出的信息是否与自己的密钥相同，如果相同则维持正常的通信，如果不相同则监听接收器命令但不回复接收器，从而不干扰主节点与接收器的正常通信。接收器与主节点通信结束后，再从剩余的节点中根据链路特征选择主节点，其余节点处于监听模式，直到单位区域中所有的节点完成数据反馈操作，该下行数据反馈协议提高了节点数据反馈效率，减少了节点下行数据反馈分发时间。

3. 研究了低功耗物联网无线传输系统中有源式节点并发数据传输

问题：在低功耗物联网无线传输系统中，现有的数据传输遵循的是传统的 CSMA 协议，发送节点发送信息到上层节点，需要检测信道是否被占用，如果检测到信道中有其他节点与接收节点正在通信，会保守地选择退避等待来减少节点之间的信道竞争。低功耗物联网无线传输系统需要实时地接收来自节点的感知信息。在规模较大的节点部署场景下，很容易出现多个节点竞争信道的情况，如果节点采用传统的退避原则会导致节点感知数据包传递的时延增大，降低系统数据交换的吞吐量。

方法：通过对节点竞争信道建模分析，适当地允许节点之间竞争信道有助于提高无线传输的信道利用率。本书采用了节点冲突容忍机制，允许节点之间保持适当竞争，通过调节低功耗物联网无线网络中多跳竞争节点之间的并发传输概率，降低了节点之间的恶性竞争，使其处于并发传输概率的红利区间。从整体系统网络来看，该方法促使竞争节点保持有效的竞争节点个数，在提高信道利用率的同时减少了节点传输数据包的时延，提高了系统的吞吐量。

4. 提出了一种基于低功耗物联网无线传输的行为感知系统的设计

问题：现有的低功耗物联网无线传输行为感知系统中数据的分析和处理，多数采用机器学习的方法来识别特征数据。在数据训练集有限的情况下，采用机器学习方法的系统其数据处理精度会降低，导致行为感知的准确性不高。

方法：本书从理论上分析了采用高阶累积量方法对于行为数据进行分析和处理的优势，设计了一种适用于低功耗物联网无线传输的行为感知系统，在数据训练集有限的情况下，该系统能够实现高精度的行为数据分析和处理，且该系统使用传统的商用接收器，能够被广泛部署和与现有系统兼容。通过大量的实验验证，结果表明本书提出的适用于低功耗物联网无线传输的行为感知系统具有良好的性能。

物联网技术正在悄然着改变着人们的生活方式，物理世界的感知、人与物体的连接、物体与网络的连接逐步形成了"万物相联"的局面。随着物联网技术的日益普及"工业 4.0"技术的不断推动和"中国制造 2025"战略的继续稳步推进，物联网行业的产业规模将更广、应用范围会更宽、实际价值也将更大。未来部署的大规模低功耗物联网无线传输系统日趋普遍，数据的交换机制时刻影响低功耗物联网无线传输系统的吞吐率。因此，针对低功耗物联网无线传输系统数据交换机制的研究不仅有着学术分析的必要，更能够进一步推动未来物联网技术的应用和普及。本书的研究针对低功耗物联网无线传输系统中数据交换机制进行了整体分析，提高了低功耗物联网无线传输系统中数据交换的效率，对改善系统数据交换性能等方面将具有广阔的价值和实际需求。

8.2　本书展望

本书主要对低功耗物联网无线传输系统中数据交换的机制进行分析与优化。首先，本书进一步提高了并行解码上行数据收集效率，对无源式节点进行了优化设计；其次，对节点下行数据反馈协议进行了研究，提出了基于链路特征感知的下行数据反馈协议设计，提高了节点数据反馈效率；再次，在大规模节点部署的情况下，研究了如何提高多跳节点数据传输，进而提高整个系统的传输吞吐量；最后，本书设计了一种低功耗物联网无线传输的行为感知系统。尽管目前已经取得了阶段性的研究成果，但由于时间的限制，依然存在着一些尚未解决的问题需要进一步探索和研究。这些未来可扩展研究的方向及相关的挑战，总结如下：

（1）节点并行解码。目前在无源式节点并行解码的研究工作中，接收器对于多个节点数据传输在时域中无法解码，现有的工作都是将并发节点数据映射到星座域中，根据星座域中的几何特征对节点并行解码，现有的系统是接收器连接单天线的部署方式，在未来的研究中，一方面可以尝试将接收器的天线数量增加，从中提取更多节点特征从而利于接收器并行解码；另一方面可以尝试进一步优化节点电路设计，随着无线通信，传感技术和片上系统技术的不断提高，节点可以采用更高级的调制技术，例如 QAM 调制等，该技术能够充分利用带宽，节点的抗噪声性能更强，适用于传输准确度要求较高的场景应用。

（2）节点数据反馈。现有的下行数据反馈协议采用的都是商用接收器，虽然它便于普及和推广，但是商用接收器接收和显示的节点信息有限，且由于是闭源原因无法进行升级和扩展。在未来的研究工作中，可以尝试采用软件定义无线电平台来模拟接收器与节点通信，修改接收器内部通信协议逻辑，从而更进一步提高节点下行数据反馈的效率。节点受其微控制芯片内部存储容量所限，如何能够在存储容量有限的情况下，让接收器反馈至节点更多的信息依然面临着不少的挑战。

（3）节点数据传输。为了提高多跳节点数据传输效率，现有的多跳节点数据聚合协议中的转发节点都使用有源式节点，其自身维持着一个睡醒工作机制不断的检测信道，这样造成了不少的能量损失。未来能源供应更加紧缺，有源式节点的电池频繁更换是一个需要解决的问题，可以尝试使用无源式节点触发有源式节点的方式，使有源式节点免于检测信道浪费能量，从而有效提高低功耗物联网无线传输系统的网络寿命。现有的多跳数据收集是在多个发送节点和单个接收节点的场景下进行的，如果未来在多个接收节点方向有进一步扩展，将大幅缓解发送节点之间的信道竞争，各发送节点有多种接收节点可以选择，节点竞争减少了，信道的利用率自然就会提高。低功耗物联网无线传输系统中各个协议层之间存在着紧密的联系，需要将多个协议层之间结合起来整体分析，从而最大化低功耗物联网无线传输系统的数据交换效率。

参考文献

［1］张曙. 工业 4.0 和智能制造［J］. 机械设计与制造工程，2014，43（8）：1－5.

［2］刘云浩. 从互联到新工业革命：物联网工业革命［M］. 北京：清华大学出版社，2018.

［3］国务院. 国务院关于积极推进"互联网＋"行动的指导意见［J］. 中华人民共和国国务院公报，2015，20：11－23.

［4］徐剑，郭驷伟. 新工业革命下物联网与产业融合关系研究［J］. 沈阳工业大学学报（社会科学版），2016，9（3）：193－197.

［5］GATES B，MYHRVOLD N，RINEARSON P，et al. The road ahead［J］. 1995.

［6］PELINO M. The m2m market is a blossoming opportunity［J］. Forrester Research，March，2010，16.

［7］赵钧. 构建基于云计算的物联网运营平台［J］. 电信科学，2010，26（6）：48－52.

［8］STERGIOU C，PSANNIS K E，KIM B G，et al. Secure integration of IoT and cloud computing［J］. Future Generation Computer Systems，2018，78：964－975.

［9］杨正洪. 智慧城市：大数据，物联网和云计算之应用［M］. 北京：清华大学出版社，2017.

［10］HUDA M，MASELENO A，ATMOTIYOSO P，et al. Big data emerging technology：insights into innovative environment for online learning resources［J］. International Journal of Emerging Technologies in Learning（iJET），2018，13（1）：23－36.

［11］王保云. 物联网技术研究综述木［J］. 电子测量与仪器学报，2009，23（12）：1－7.

［12］RUSSELL S J，NORVIG P. Artificial intelligence：a modern approach［M］. Malaysia；Pearson Education Limited，2016.

［13］刘云浩. 物联网导论［M］. 北京：科学出版社，2011.

［14］陆桑璐，谢磊. 射频识别技术［M］. 北京：科学出版社，2014.

［15］宋资勤，刘影，张涛. 构建绿色智慧城市的关键技术探讨［J］. 可持续发展，2016，6（03）：208.

［16］马士玲. 物联网技术在智慧城市建设中的应用［J］. 物联网技术，2012，2（2）：70－72.

［17］翟鸿雁. 基于物联网关键技术的智慧城市研究［J］. 物联网技术，2015，5（5）：84－86.

［18］XIE L，SUN J，CAI Q，et al. Tell me what i see：Recognize RFID tagged objects in augmented reality systems［C］//Proceedings of the 2016 ACM International Joint Conference on Pervasive and Ubiquitous Computing. ACM，2016：916－927.

［19］张磊. 基于 RFID 技术的智慧医疗管理系统［J］. 电子技术与软件工程，2016（3）：71－71.

［20］DING H，SHANGGUAN L，YANG Z，et al. Femo：A platform for free－weight exercise monitoring with rfids［C］//Proceedings of the 13th ACM Conference on Embedded Networked Sensor Systems. ACM，2015：141－154.

［21］ 胡为民，陈萍，谢琦明，等. 基于物联网技术的智慧公交系统设计与实现［J］. 计算机时代，2016（9）：51-55.

［22］ 刘文生，李端阳，沈美照. 基于无线组网的智慧公交站点信息系统研究与实践［J］. 中国新通信，2016（16）：51-52.

［23］ ZHOU P, ZHENG Y, LI M. How long to wait?: Predicting bus arrival time with mobile phone based participatory sensing ［C］//Proceedings of the 10th international conference on Mobile systems, applications, and services. ACM, 2012: 379-392.

［24］ STOJKOSKA B L R, TRIVODALIEV K V. A review of Internet of things for smart home: Challenges and solutions ［J］. Journal of Cleaner Production, 2017, 140: 1454-1464.

［25］ FENG, S., P. SETOODEH, and S. HAYKIN, Smart home: Cognitive interactive people - centric Internet of Things ［J］. IEEE Communications Magazine, 2017. 55 (2): 34-39.

［26］ SHANGGUAN L, YANG Z, LIU A X, et al. STPP: Spatial - temporal phase profiling - based method for relative RFID tag localization ［J］. IEEE/ACM Transactions on Networking, 2017, 25 (1): 596-609.

［27］ WANG G, QIAN C, SHANGGUAN L, et al. HMRL: Relative localization of RFID tags with static devices ［C］//Sensing, Communication, and Networking (SECON), 2017 14th Annual IEEE International Conference on. IEEE, 2017: 1-9.

［ 28 ］

林乐虎. 我国物联网产业发展现状分析及政策措施［J］. 宏观经济研究，2013（11）：81-86.

［29］ KHAN R, KHAN S U, ZAHEER R, et al. Future internet: The internet of things architecture, possible applications and key challenges ［C］//Frontiers of Information Technology (FIT), 2012 10th International Conference on. IEEE, 2012: 257-260.

［30］ RATASUK R, VEJLGAARD B, MANGALVEDHE N, et al. NB - IoT system for M2M communication ［C］//Wireless Communications and Networking Conference (WCNC), 2016 IEEE. IEEE, 2016: 1-5.

［31］ SINHA R S, WEI Y, HWANG S H. A survey on LPWA technology: LoRa and NB - IoT ［J］. Ict Express, 2017, 3 (1): 14-21.

［32］ CENTENARO M, VANGELISTA L, ZANELLA A, et al. Long - range communications in unlicensed bands: The rising stars in the IoT and smart city scenarios ［J］. IEEE Wireless Communications, 2016, 23 (5): 60-67.

［33］ KHAN I, BELQAEMI F, GLITHO R, et al. Wireless sensor network virtualization: A survey ［J］. IEEE Communications Surveys & Tutorials, 2016, 18 (1): 553-576.

［34］ YAO Y, CAO Q, VASILAKOS A V. EDAL: An energy - efficient, delay - aware, and lifetime - balancing data collection protocol for heterogeneous wireless sensor networks ［J］. IEEE/ACM Transactions on Networking (TON), 2015, 23 (3): 810-823.

［35］ RAWAT P, SINGH K D, CHAOUCHI H, et al. Wireless sensor networks: A survey on recent developments and potential synergies [J]. The Journal of supercomputing, 2014, 68 (1): 1 - 48.

[36] MOLINA - MARKHAM A, CLARK S S, RANSFORD B, et al. Bat: Backscatter any-thing - to - tag communication [M] //Wirelessly Powered Sensor Networks and Computational RFID. Springer, New York, NY, 2013: 131 - 142.

[37] SADEGHI A R, WACHSMANN C, WAIDNER M. Security and privacy challenges in industrial internet of things [C] //Design Automation Conference (DAC), 2015 52nd ACM/EDAC/IEEE. IEEE, 2015: 1 - 6.

[38] MAO X, MIAO X, HE Y, et al. CitySee: Urban CO_2 monitoring with sensors [C] //INFOCOM, 2012 Proceedings IEEE. IEEE, 2012: 1611 - 1619.

[39] HE Y, LI M. Cose: A query - centric framework of collaborative heterogeneous sensor networks [J]. IEEE Transactions on Parallel & Distributed Systems, 2012 (9): 1681 - 1693.

[40] YEAGER D J, HOLLEMAN J, PRASAD R, et al. Neuralwisp: A wirelessly powered neural interface with 1m range [J]. IEEE Transactions on Biomedical Circuits and Systems, 2009, 3 (6): 379 - 387.

[41] IKEMOTO Y, SUZUKI S, OKAMOTO H, et al. Force sensor system for structural health monitoring using passive RFID tags [J]. Sensor Review, 2009, 29 (2): 127 - 136.

[42] LI F, WANG Y. Routing in vehicular ad hoc networks: A survey [J]. IEEE Vehicular technology magazine, 2007, 2 (2): 12 - 22.

[43] WANG Y, LI F. Vehicular ad hoc networks [M] //Guide to wireless ad hoc networks. Springer, London, 2009: 503 - 525.

[44] HOQUE E, DICKERSON R F, STANKOVIC J A. Monitoring body positions and movements during sleep using wisps [C] //Wireless Health 2010. ACM, 2010: 44 - 53.

[45] BUETTNER M, PRASAD R, PHILIPOSE M, et al. Recognizing daily activities with RFID - based sensors [C] //Proceedings of the 11th international conference on Ubiquitous computing. ACM, 2009: 51 - 60.

[46] SHU Y, GU Y J, CHEN J. Dynamic authentication with sensory information for the access control systems [J]. IEEE Transactions on Parallel and Distributed Systems, 2014, 25 (2): 427 - 436.

[47] HAN D M, LIM J H. Design and implementation of smart home energy management systems based on zigbee [J]. IEEE Transactions on Consumer Electronics, 2010, 56 (3): 1417 - 1425.

[48] 陈麒宇, 龚鹏, 郭仁春, 等. 物联网＋Unity3D 虚拟现实花卉养护远程智能监控系统 [J]. 计算机科学与应用, 2016, 6 (03): 119.

[49] EPC GLOBAL EPC. Radio - frequency identity protocols class - 1 generation - 2 uhf rfid protocol for communications at 860 mhz - 960 mhz version 1.0.9 [J]. K. Chiew et al. //On False Authenticationsfor C1G2 Passive RFID Tags, 2004, 65.

［50］ HAN J, QIAN C, YANG P, et al. GenePrint: Generic and accurate physical – layer iden-tification for UHF RFID tags ［J］. IEEE/ACM Transactions on Networking, 2016, 24 （2）: 846 – 858.

［51］ HOU Y, OU J, ZHENG Y, et al. PLACE: Physical layer cardinality estimation for large – scale RFID systems ［J］. IEEE/ACM Transactions on Networking, 2016, 24 （5）: 2702 – 2714.

［52］ WANG C, XIE L, WANG W, et al. Moving tag detection via physical layer analysis for large – scale RFID systems ［C］//INFOCOM 2016 – The 35th Annual IEEE Internation-al Conference on Computer Communications, IEEE. IEEE, 2016: 1 – 9.

［53］ ANGERER C, LANGWIESER R, RUPP M. RFID reader receivers for physical layer col-lision recovery ［J］. IEEE Transactions on Communications, 2010, 58 （12）: 3526 – 3537.

［54］ ZHANG P, GUMMESON J, GANESAN D. Blink: A high throughput link layer for back-scatter communication ［C］//Proceedings of the 10th international conference on Mo-bile systems, applications, and services. ACM, 2012: 99 – 112.

［55］ HU P, ZHANG P, GANESAN D. Leveraging interleaved signal edges for concurrent backscatter ［J］. ACM SIGMOBILE Mobile Computing and Communications Review, 2015, 18 （3）: 26 – 31.

［56］ WANG J, HASSANIEH H, KATABI D, et al. Efficient and reliable low – power back-scatter networks ［C］//Proceedings of the ACM SIGCOMM 2012 conference on Appli-cations, technologies, architectures, and protocols for computer communication. ACM, 2012: 61 – 72.

［57］ ZHENG Y, LI M. Read bulk data from computational RFIDs ［J］. IEEE/ACM Transac-tions on Networking, 2016, 24 （5）: 3098 – 3108.

［58］ OU J, LI M, ZHENG Y. Come and be served: Parallel decoding for cots rfid tags ［C］//Proceedings of the 21st Annual International Conference on Mobile Computing and Networking. ACM, 2015: 500 – 511.

［59］ HU P, ZHANG P, GANESAN D. Laissez – faire: Fully asymmetric backscatter communi-cation ［C］//ACM SIGCOMM Computer Communication Review. ACM, 2015, 45 （4）: 255 – 267.

［60］ JIN M, HE Y, MENG X, et al. FlipTracer: Practical parallel decoding for backscatter communication ［C］//Proceedings of the 23rd Annual International Conference on Mo-bile Computing and Networking. ACM, 2017: 275 – 287.

［61］ GUMMESON J, ZHANG P, GANESAN D. Flit: a bulk transmission protocol for RFID –scale sensors ［C］//Proceedings of the 10th international conference on Mobile sys-tems, applications, and services. ACM, 2012: 71 – 84.

［62］ LI Y, FU L, YING Y, et al. Goodput optimization via dynamic frame length and char-ging time adaptation for backscatter communication ［J］. Peer – to – Peer Networking and Applications, 2017, 10 （3）: 440 – 452.

[63] YEAGER D J, SAMPLE A P, SMITH J R, et al. Wisp: A passively powered uhf rfid tag with sensing and computation [J]. RFID handbook: Applications, technology, security, and privacy, 2008: 261 – 278.

[64] ZHANG H, GUMMESON J, RANSFORD B, et al. Moo: A batteryless computational RFID and sensing platform [J]. University of Massachusetts Computer Science Technical Report UM – CS – 2011 – 020, 2011.

[65] JEONG J, CULLER D. Incremental network programming for wireless sensors [C] // Sensor and Ad Hoc Communications and Networks, 2004. IEEE SECON 2004. 2004 First Annual IEEE Communications Society Conference on. IEEE, 2004: 25 – 33.

[66] CHLIPALA A, HUI J, TOLLE G. Deluge: Data dissemination for network reprogramming at scale [J]. University of California, Berkeley, Tech. Rep, 2004.

[67] RANSFORD B, SORBER J, FU K. Mementos: System support for long – running computation on RFID – scale devices [C] //ACM SIGARCH Computer Architecture News. ACM, 2011, 39 (1): 159 – 170.

[68] LUCIA B, RANSFORD B. A simpler, safer programming and execution model for intermittent systems [J]. ACM SIGPLAN Notices, 2015, 50 (6): 575 – 585.

[69] MIRHOSEINI A, ROUHANI B D, SONGHORI E, et al. Chime: Checkpointing long computations on interm ittently energized IoT devices [J]. IEEE Transactions on Multi – Scale Computing Systems, 2016, 2 (4): 277 – 290.

[70] WU D, LU L, HUSSAIN M J, et al. Remote firmware execution control in computational rfid systems [J]. IEEE Sensors Journal, 2017, 17 (8): 2524 – 2533.

[71] YANG W, WU D, HUSSAIN M J, et al. Wireless firmware execution control in computational RFID systems [C] //RFID (RFID), 2015 IEEE International Conference on. IEEE, 2015: 129 – 136.

[72] WU D, HUSSAIN M J, LI S, et al. R^2: Over – the – air reprogramming on computational RFIDs [C] //RFID (RFID), 2016 IEEE International Conference on. IEEE, 2016: 1 – 8.

[73] WU D, LU L, HUSSAIN M J, et al. R^3: Reliable Over – the – Air Reprogramming on Computational RFIDs [J]. ACM Transactions on Embedded Computing Systems (TECS), 2018, 17 (1): 9.

[74] TAN J, PAWELCZAK P, PARKS A, et al. Wisent: Robust downstream communication and storage for computational RFIDs [C] //INFOCOM 2016 – The 35th Annual IEEE International Conference on Computer Communications, IEEE. IEEE, 2016: 1 – 9.

[75] AANTJES H, MAJID A Y, PAWELCZAK P, et al. Fast downstream to many (computational) RFIDs [C] //INFOCOM 2017 – IEEE Conference on Computer Communications, IEEE. IEEE, 2017: 1 – 9.

[76] ZHENG X, WANG J, DONG W, et al. Bulk data dissemination in wireless sensor networks: analysis, implications and improvement [J]. IEEE Transactions on Computers, 2016, 65 (5): 1428 – 1439.

［77］ LIU Z，LI Z，LI M，et al. Path reconstruction in dynamic wireless sensor networks u-
sing compressive sensing ［C］//Proceedings of the 15th ACM international symposium
on Mobile ad hoc networking and computing. ACM，2014：297 - 306.

［78］ LI Z，XIE Y，LI M，et al. Recitation：Rehearsing wireless packet reception in software
［C］//Proceedings of the 21st Annual International Conference on Mobile Computing
and Networking. ACM，2015：291 - 303.

［79］ POLASTRE J，HILL J，CULLER D. Versatile low power media access for wireless sen-
sor networks ［C］//Proceedings of the 2nd international conference on Embedded net-
worked sensor systems. ACM，2004：95 - 107.

［80］ BUETTNER M，YEE G V，ANDERSON E，et al. X - MAC：A short preamble MAC pro-
tocol for duty - cycled wireless sensor networks ［C］//Proceedings of the 4th interna-
tional conference on Embedded networked sensor systems. ACM，2006：307 - 320.

［81］ ZHANG X，SHIN K G. Chorus：Collision resolution for efficient wireless broadcast
［C］//INFOCOM，2010 Proceedings IEEE. IEEE，2010：1 - 9.

［82］ LU J，WHITEHOUSE K. Flash flooding：Exploiting the capture effect for rapid flooding
in wireless sensor networks ［M］. IEEE，2009：2491 - 2499.

［83］ LANDSIEDEL O，FERRARI F，ZIMMERLING M. Chaos：Versatile and efficient all-to- all
data sharing and in - network processing at scale ［C］//Proceedings of the 11th ACM
Conference on Embedded Networked Sensor Systems. ACM，2013：1.

［84］ FERRARI F，ZIMMERLING M，THIELE L，et al. Efficient network flooding and time
synchronization with glossy ［C］//Information Processing in Sensor Networks (IPSN)，
2011 10th International Conference on. IEEE，2011：73 - 84.

［85］ DODDAVENKATAPPA M，CHAN M C，LEONG B. Splash：Fast data dissemination with con-
structive interference in wireless aensor networks ［C］//NSDI. 2013：269 - 282.

［86］ JI X，HE Y，WANG J，et al. On Improving wireless channel utilization：A collision tol-
erance - based approach ［J］. IEEE Transactions on Mobile Computing.，2017，16
(3)：787 - 800.

［87］ JI X，HE Y，WANG J，et al. Voice over the dins：Improving wireless channel utilization
with collision tolerance ［C］//Network Protocols (ICNP)，2013 21st IEEE Internation-
al Conference on. IEEE，2013：1 - 10.

［88］ RAULT T，BOUABDALLAH A，CHALLAL Y. Energy efficiency in wireless sensor net-
works：A top - down survey ［J］. Computer Networks，2014，67：104 - 122.

［89］ BUTUN I，MORGERA S D，SANKAR R. A survey of intrusion detection systems in
wireless sensor networks ［J］. IEEE Communications Curveys & Tutorials，2014，16
(1)：266 - 282.

［90］ MARTINEZ - SALA A S，EGEA - LOPEZ E，GARCIA - SANCHEZ F，et al. Tracking of
returnable packaging and transport units with active RFID in the grocery supply chain［J］.
Computers in Industry，2009，60 (3)：161 - 171.

［91］ BUETTNER M，PRASAD R，SAMPLE A，et al. RFID sensor networks with the Intel

WISP [C] //Proceedings of the 6th ACM conference on Embedded network sensor systems. ACM, 2008: 393 - 394.

[92] MONTEFIORE A, PARRY D, PHILPOTT A. A Radio Frequency Identification (RFID) - based wireless sensor device for drug compliance measurement [J] . Health Informatics New Zealand, Wellington, 2010.

[93] DELGADO CEPERO E. Structural health monitoring inside concrete and grout using the Wireless Identification and Sensing Platform (WISP) [J] . 2013.

[94] SAXENA N, VORIS J. Still and silent: Motion detection for enhanced rfid security and privacy without changing the usage model [C] //International Workshop on Radio Frequency Identification: Security and Privacy Issues. Springer, Berlin, Heidelberg, 2010: 2 - 21.

[95] MA D, SAXENA N. A context - aware approach to defend against unauthorized reading and relay attacks in RFID systems [J] . Security and Communication Networks, 2014, 7 (12): 2684 - 2695.

[96] PHILIPOSE M, SMITH J R, JIANG B, et al. Battery - free wireless identification and sensing [J] . IEEE Pervasive Computing, 2005, 4 (1): 37 - 45.

[97] HEALY M, NEWE T, LEWIS E. Wireless sensor node hardware: A review [C] //Sensors, 2008 IEEE. IEEE, 2008: 621 - 624.

[98] ROY A R, BARI M F, ZHANI M F, et al. Design and management of dot: A distributed openflow testbed [C] //Network Operations and Management Symposium (NOMS), 2014 IEEE. IEEE, 2014: 1 - 9.

[99] KO J G, TERZIS A, DAWSON - HAGGERTY S, et al. Connecting low - power and lossy networks to the internet [J] . IEEE Communications Magazine, 2011, 49 (4) .

[100] ARORA A, RAMNATH R, ERTIN E, et al. Exscal: Elements of an extreme scale wireless sensor network [C] //Embedded and Real - Time Computing Systems and Applications, 2005. Proceedings. 11th IEEE International Conference on. IEEE, 2005: 102 - 108.

[101] LEVIS P, MADDEN S, POLASTRE J, et al. TinyOS: An operating system for sensor networks [M] //Ambient intelligence. Springer, Berlin, Heidelberg, 2005: 115 - 148.

[102] SMITH J R, JIANG B, ROY S, et al. ID modulation: Embedding sensor data in an RFID timeseries [C] //International Workshop on Information Hiding. Springer, Berlin, Heidelberg, 2005: 234 - 246.

[103] SMITH J R, FISHKIN K P, JIANG B, et al. RFID - based techniques for human - activity detection [J] . Communications of the ACM, 2005, 48 (9): 39 - 44.

[104] SAMPLE A P, YEAGER D J, POWLEDGE P S, et al. Design of an RFID - based battery - free programmable sensing platform [J] . IEEE Transactions on Instrumentation and Measurement, 2008, 57 (11): 2608 - 2615.

[105] CLARK S S, GUMMESON J, FU K, et al. Towards autonomously - powered CRFIDs [C] //ACM Workshop on Power Aware Computing and Systems. 2009.

[106] GUMMESON J, CLARK S S, FU K, et al. On the limits of effective hybrid micro – energy harvesting on mobile CRFID sensors [C] //Proceedings of the 8th international conference on Mobile systems, applications, and services. ACM, 2010: 195 – 208.

[107] GASCO F, FERABALI P, BRAUN J, et al. Wireless strain measurement for structural testing and health monitoring of carbon fiber composites [J]. Composites Part A: Applied Science and Manufacturing, 2011, 42 (9): 1263 – 1274.

[108] SAMPLE A P, BRAUN J, PARKS A, et al. Photovoltaic enhanced UHF RFID tag antennas for dual purpose energy harvesting [C] //RFID (RFID), 2011 IEEE International Conference on. IEEE, 2011: 146 – 153.

[109] YEAGER D, ZHANG F, ZARRASVAND A, et al. A 9 A, Addressable Gen2 Sensor Tag for Biosignal Acquisition [J]. IEEE Journal of Solid – State Circuits, 2010, 45 (10): 2198 – 2209.

[110] HOGG D C. Fun with the Friis free – space transmission formula [J]. IEEE Antennas and Propagation Magazine, 1993, 35 (4): 33 – 35.

[111] LIU V, PARKS A, TALLA V, et al. Ambient backscatter: Wireless communication out of thin air [C] //ACM SIGCOMM Computer Communication Review. ACM, 2013, 43 (4): 39 – 50.

[112] HE S, CHEN J, JIANG F, et al. Energy provisioning in wireless rechargeable sensor networks [J]. IEEE Transactions on Mobile Computing, 2013, 12 (10): 1931 – 1942.

[113] SHANGGUAN L, JAMIESON K. The design and implementation of a mobile rfid tag sorting robot [C] //Proceedings of the 14th annual international conference on mobile systems, applications, and services. ACM, 2016: 31 – 42.

[114] SHANGGUAN L, YANG Z, LIU A X, et al. Relative localization of RFID tags using spatial – temporal phase profiling [C] //NSDI. 2015: 251 – 263.

[115] YANG L, CHEN Y, LI X Y, et al. Tagoram: Real – time tracking of mobile RFID tags to high precision using COTS devices [C] //Proceedings of the 20th annual international conference on Mobile computing and networking. ACM, 2014: 237 – 248.

[116] LIU T, YANG L, LIN Q, et al. Anchor – free backscatter positioning for RFID tags with high accuracy [C] //INFOCOM, 2014 Proceedings IEEE. IEEE, 2014: 379 – 387.

[117] JIANG C, HE Y, ZHENG X, et al. Orientation – aware RFID tracking with centimeter – level accuracy [C] //Proceedings of the 17th ACM/IEEE International Conference on Information Processing in Sensor Networks. IEEE Press, 2018: 290 – 301.

[118] ZHENG Y, HE Y, JIN M, et al. RED: RFID – based eccentricity detection for high – speed rotating machinery [C] //IEEE INFOCOM 2018 – IEEE Conference on Computer Communications. IEEE, 2018: 1565 – 1573.

[119] WANG C, LIU J, CHEN Y, et al. RF – kinect: A wearable RFID – based approach towards 3D body movement tracking [J]. Proceedings of the ACM on Interactive, Mobile, Wearable and Ubiquitous Technologies, 2018, 2 (1): 41.

[120] XIE L, WANG C, LIU A X, et al. Multi – touch in the air: Concurrent micromovement

recognition using RF signals [J]. IEEE/ACM Transactions on Networking, 2018, 26 (1): 231 – 244.

[121] ZHANG P, GANESAN D. Enabling bit – by – bit backscatter communication in severe energy harvesting environments [C] //NSDI. 2014: 345 – 357.

[122] ESTER M, KRIEGEL H P, SANDER J, et al. A density – based algorithm for discovering clusters in large spatial databases with noise [C] //Kdd. 1996, 96 (34): 226 – 231.

[123] HARTIGAN J A, WONG M A. Algorithm As 136: A k – means clustering algorithm [J]. Journal of the Royal Statistical Society. Series C (Applied Statistics), 1979, 28 (1): 100 – 108.

[124] Impinj. Available from: http: //www. impinj. com/.

[125] Ettus Research. Available from: http: //www. ettus. com.

[126] GOLLAKOTA S, REYNOLDS M S, SMITH J R, et al. The emergence of RF – powered computing [J]. Computer, 2014, 47 (1): 32 – 39.

[127] DEMENTYEV A, SMITH J R. A wearable uhf rfid – based eeg system [C] //RFID (RFID), 2013 IEEE International Conference on. IEEE, 2013: 1 – 7.

[128] FARRIS I, FELINI C, PIZZI S, et al. Enabling communication among smart tags in an uhf RFID Local Area Network [C] //2015 IEEE 2nd World Forum on Internet of Things (WF – IoT). IEEE, 2015: 524 – 529.

[129] ZHAO Y, LAMARCA A, SMITH J R. A battery – free object localization and motion sensing platform [C] //Proceedings of the 2014 ACM International Joint Conference on Pervasive and Ubiquitous Computing. ACM, 2014: 255 – 259.

[130] CAIZZONE S, DIGIAMPAOLO E. Wireless passive RFID crack width sensor for structural health monitoring [J]. IEEE Sensors Journal, 2015, 15 (12): 6767 – 6774.

[131] YEAGER D, ZHANG F, ZARRASVAND A, et al. SOCWISP: A 9 μA, Addressable gen2 sensor tag for biosignal acquisition [M] //Wirelessly Powered Sensor Networks and Computational RFID. Springer, New York, NY, 2013: 57 – 78.

[132] HALPERIN D, HEYDT – BENJAMIN T S, RANSFORD B, et al. Pacemakers and implantable cardiac defibrillators: Software radio attacks and zero – power defenses [C] //Security and Privacy, 2008. SP 2008. IEEE Symposium on. IEEE, 2008: 129 – 142.

[133] RANSFORD B. A rudimentary bootloader for computational RFIDs [J]. University of Massachusetts Amherst, Tech. Rep. UM – CS – 2010 – 061, 2010.

[134] DONG W, LIU Y, ZHAO Z, et al. Link quality aware code dissemination in wireless sensor networks [J]. IEEE Transactions on Parallel and Distributed Systems, 2014, 25 (7): 1776 – 1786.

[135] FU L, CHENG P, GU Y, et al. Minimizing charging delay in wireless rechargeable sensor networks [C] //INFOCOM, 2013 Proceedings IEEE. IEEE, 2013: 2922 – 2930.

[136] TB – WISP5. Available from: http: //www. terabits. cn/product.

[137] GONZALEZ – BRIONES A, CASTELLANOS – GARZON J A, MEZQUITA MARTIN Y,

et al. A framework for knowledge discovery from wireless sensor networks in rural environments: A crop irrigation systems case study [J]. Wireless Communications and Mobile Computing, 2018.

[138] STANKOVIC J A. Research directions for cyber physical systems in wireless and mobile healthcare [J]. ACM Transactions on Cyber - Physical Systems, 2017, 1 (1): 1.

[139] YAQOOB I, AHMED E, HASHEM I A T, et al. Internet of things architecture: Recent advances, taxonomy, requirements, and open challenges [J]. IEEE Wireless Communications, 2017, 24 (3): 10 - 16.

[140] LIU Y, MAO X, HE Y, et al. CitySee: Not only a wireless sensor network [J]. IEEE Network, 2013, 27 (5): 42 - 47.

[141] GNAWALI O, FONSECA R, JAMIESON K, et al. Collection tree protocol [C] //Proceedings of the 7th ACM conference on embedded networked sensor systems. ACM, 2009: 1 - 14.

[142] TOBAGI F A, HUNT V B. Performance analysis of carrier sense multiple access with collision detection [J]. Computer Networks (1976), 1980, 4 (5): 245 - 259.

[143] WHITEHOUSE K, WOO A, JIANG F, et al. Exploiting the capture effect for collision detection and recovery [C] //Embedded Networked Sensors, 2005. EmNetS - II. The Second IEEE Workshop on. IEEE, 2005: 45 - 52.

[144] WU K, TAN H, NGAN H, et al. Chip error pattern analysis in IEEE 802.15. 4 [J]. IEEE Transactions on Mobile Computing, 2012, 11 (4): 543 - 552.

[145] ZORZI M, RAO R R. Capture and retransmission control in mobile radio [J]. IEEE Journal on Selected Areas in Communications, 1994, 12 (8): 1289 - 1298.

[146] KRISHNA A, LAMAIRE R O. A comparison of radio capture models and their effect on wireless LAN protocols [C] //Universal Personal Communications, 1994. Record., 1994 Third Annual International Conference on. IEEE, 1994: 666 - 672.

[147] PAPAGIANNAKIS G, SINGH G, MAGNENAT - THALMANN N. A survey of mobile and wireless technologies for augmented reality systems [J]. Computer Animation and Virtual Worlds, 2008, 19 (1): 3 - 22.

[148] HEUSSE M, ROUSSEAU F, GUILLIER R, et al. Idle sense: an optimal access method for high throughput and fairness in rate diverse wireless LANs [C] //ACM SIGCOMM Computer Communication Review. ACM, 2005, 35 (4): 121 - 132.

[149] BONONI L, CONTI M, GREGORI E. Runtime optimization of IEEE 802. 11 wireless LANs performance [J]. IEEE Transactions on Parallel and Distributed Systems, 2004, 15 (1): 66 - 80.

[150] MAGISTRETTI E, GUREWITZ O, KNIGHTLY E W. 802.11 ec: collision avoidance without control messages [J]. IEEE/ACM Transactions on Networking (TON), 2014, 22 (6): 1845 - 1858.

[151] GOLLAKOTA S, KATABI D. Zigzag decoding: Combating hidden terminals in wireless

networks [M]. ACM, 2008.

[152] GILL S, SAHNI P, CHAWLA P, et al. Intelligent transportation architecture for enhanced security and integrity in vehicles integrated internet of things [J]. Indian Journal of Science and Technology, 2017, 10 (10).

[153] MOUSTAFA H, SCHOOLER E M, SHEN G, et al. Remote monitoring and medical devices control in eHealth [C] //2016 IEEE 12th International Conference on Wireless and Mobile Computing, Networking and Communications (WiMob). IEEE, 2016: 1 - 8.

[154] MILLER M. The internet of things: How smart TVs, smart cars, smart homes, and smart cities are changing the world [M]. Pearson Education, 2015.

[155] HRECHAK A K, MCHUGH J A. Automated fingerprint recognition using structural matching [J]. Pattern Recognition, 1990, 23 (8): 893 - 904.

[156] SOLANKI K, PITTALIA P. Review of face recognition techniques [J]. International Journal of Computer Applications, 2016, 133 (12): 20 - 24.

[157] JAIN A K, ROSS A, PRABHAKAR S. An introduction to biometric recognition [J]. IEEE Transactions on Circuits and Systems for Video Technology, 2004, 14 (1): 4 - 20.

[158] ZHAO Y. Localization, sensing, energy delivery and communication in wirelessly powered systems [D]. , 2017.

[159] LAI X Z, XIE Z M, CEN X L. Design of dual circularly polarized antenna with high isolation for RFID application [J]. Progress In Electromagnetics Research, 2013, 139: 25 - 39.

[160] MALLAT S. A wavelet tour of signal processing [M]. Elsevier, 1999.

[161] ALSHEIKH M A, SELIM A, NIYATO D, et al. Deep activity recognition models with triaxial accelerometers [C] //AAAI Workshop: Artificial Intelligence Applied to Assistive Technologies and Smart Environments. 2016.

[162] JEGADEESHWARAN R, SUGUMARAN V. Fault diagnosis of automobile hydraulic brake system using statistical features and support vector machines [J]. Mechanical Systems and Signal Processing, 2015, 52: 436 - 446.

[163] TROST S G, FRAGALA - PINKHAM M, LENNON N, et al. Decision trees for detection of activity intensity in youth with cerebral palsy [J]. Medicine and Science in Sports and Exercise, 2016, 48 (5): 958.

[164] BAYAT A, POMPLUN M, TTAN D A. A study on human activity recognition using accelerometer data from smartphones [J]. Procedia Computer Science, 2014, 34: 450 - 457.

[165] VELTKAMP R C. Shape matching: Similarity measures and algorithms [C] //Shape Modeling and Applications, SMI 2001 International Conference on. IEEE, 2001: 188 - 197.

[166] BERNDT D J, CLIFFORD J. Using dynamic time warping to find patterns in time series [C] //KDD workshop. 1994, 10 (16): 359 - 370.

[167] 邓创. 基于无线自组网的电力应急现场指挥通信系统 [J]. 电力信息与通信技术,

2015，13（5）：67－72.

［168］ 丁丽萍．基于网络数据流的计算机取证技术［J］．信息网络安全，2005，5（6）：74－76.

［169］ 杨泽明，刘宝旭，许榕生．数字取证研究现状与发展态势［J］．科研信息化技术与应用，2015，6（1）：3－11.

［170］ 毋晓英．大数据检测在公安信息安全中的应用［J］．电子技术与软件工程，2018（4）：222－222.

［171］ KARIMI E，AKBARI B．Priority Scheduling for Improving Video Delivery over Wireless Multimedia Sensor Networks［C］// Fifth International Conference on Next Generation Mobile Applications．IEEE Computer Society，2011：111－116.

［172］ VD AUWERA，G，DAVID，et al．Traffic and Quality Characterization of Single－Layer Video Streams Encoded with the H. 264/MPEG－4 Advanced Video Coding Standard and Scalable Video Coding Extension［J］．IEEE Transactions on Broadcasting，2008.

［173］ MANGOLD，S，SUNGHYUN，et al．Analysis of IEEE 802. 11e for QoS support in wireless LANs［J］．Wireless Communications，IEEE，2003.

［174］ CHILAMKURTI N，ZEADALLY S，SONI R，et al．Wireless multimedia delivery over 802. 11e with cross－layer optimization techniques［J］．Multimedia Tools and Applications，2010，47（1）：189－205.

附录 A

A.1 设计节点硬件电路原理图

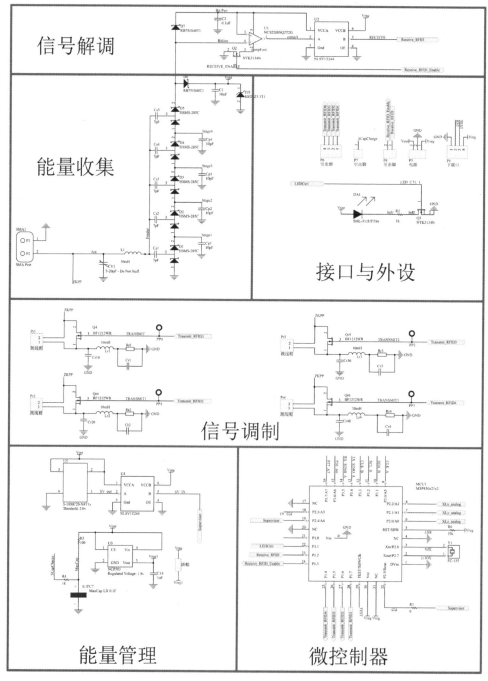

图 A-1 节点电路原理图

A.2 设计节点电路 PCB 图

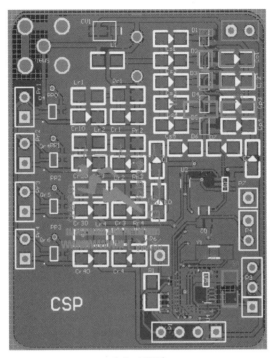

（a）正面

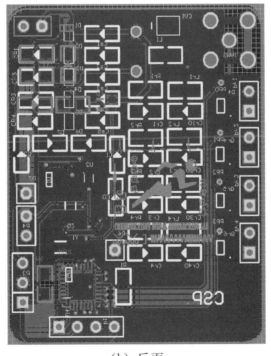

（b）反面

图 A-2 节点电路 PCB 图